碳达峰与碳中和
实施指南

张燕龙　主编
刘　畅　刘　洋　副主编

化学工业出版社
·北　京·

内容简介

《碳达峰与碳中和实施指南》一书分为理论篇、路径篇和实践篇三个部分。其中，理论篇包括气候变化与碳排放，碳达峰与碳中和认知，碳达峰与碳中和目标，国外碳中和管理政策，国内碳中和管理政策，碳排放的现状和趋势等内容；路径篇包括能源替代，节能增效，增加生态碳汇，构建有效碳市场，碳捕集、利用与封存等内容；实践篇包括交通运输业碳中和实践、电力行业碳中和实践、钢铁行业碳中和实践、房地产行业碳中和实践、农业农村碳中和实践、企业碳中和实践、公众碳中和实践等内容。

本书的特点是内容全面、深入浅出、易于理解，尤其注重实际操作，对所涉业务的操作要求、步骤、方法、注意事项做了详细的介绍，并提供了大量在实际工作中行之有效的范本。通过理论结合企业实操案例，有利于行业人员快速成长为具备碳中和管理思维和能力的专业人才，帮助企业搭建碳中和目标的核心人才梯队，助力稳步低碳转型。

图书在版编目（CIP）数据

碳达峰与碳中和实施指南/张燕龙主编. —北京：化学工业出版社，2021.9（2022.4重印）

ISBN 978-7-122-39601-3

Ⅰ.①碳… Ⅱ.①张… Ⅲ.①二氧化碳-排污交易-世界-指南 Ⅳ.①X511-62

中国版本图书馆CIP数据核字（2021）第149384号

责任编辑：陈　蕾　　装帧设计：尹琳琳
责任校对：宋　夏

出版发行：化学工业出版社（北京市东城区青年湖南街13号　邮政编码100011）
印　　装：北京建宏印刷有限公司
787mm×1092mm　1/16　印张$12\frac{1}{2}$　字数242千字　2022年4月北京第1版第6次印刷

购书咨询：010-64518888　　售后服务：010-64518899
网　　址：http://www.cip.com.cn
凡购买本书，如有缺损质量问题，本社销售中心负责调换。

定　价：68.00元

《碳达峰与碳中和实施指南》
编委会

自工业革命以来，人类活动日益成为引发全球变化的重要动因，尤其是大量化石能源的使用，大尺度的土地利用和森林覆被的变化，引起了大气中以二氧化碳为主的温室气体浓度的增加，改变了地球表面的辐射平衡，使地球趋于变暖。全球气候变化已成为21世纪人类共同面临的最重大的环境与发展挑战，应对气候变化是当前乃至今后相当长时期内实现全球可持续发展的核心任务，而且直接影响到发展中国家的现代化进程。全球气候治理已经成为冷战以后国际政治经济和非传统安全领域出现的少数极受全球瞩目、影响极为深远的议题之一，事关能源、产业、经济、贸易、金融、科技等发展问题。

自2020年9月22日以来，在第七十五届联合国大会一般性辩论、联合国生物多样性峰会、第三届巴黎和平论坛、金砖国家领导人第十二次会晤和二十国集团领导人利雅得峰会“守护地球”主题边会、气候雄心峰会、世界经济论坛“达沃斯议程”对话会、领导人气候峰会等多个国际重要场合上，我国向国际社会郑重宣布中国将提高国家自主贡献力度，二氧化碳排放力争于2030年前达到峰值，努力争取2060年前实现碳中和，并进一步明确了国家自主贡献最新举措。同时，在党的十九届五中全会、中央经济工作会议、中央财经委员会第九次会议、中共中央政治局第二十九次集体学习中多次对两碳工作做出了重要部署安排，我国力争2030年前实现碳达峰，2060年前实现碳中和，是党中央经过深思熟虑做出的重大战略决策，事关中华民族永续发展和构建人类命运共同体。实现碳达峰、碳中和是一场广泛而深刻的经济社会系统性变革，要把碳达峰、碳中和纳入生态文明建设整体布局，拿出抓铁有痕的劲头，如期实现2030年前碳达峰、2060年前碳中和的目标。

在我国开启全面建设社会主义现代化国家新征程，向第二个百年奋斗目标进军的关键节点，我国做出的有关新的达峰目标与碳中和愿景的重要宣示，凸显了应对气候变化在我国现代化建设全局中的重要战略地位。碳达峰、碳中和的目标任务与我国21世纪中叶建成社会主义现代化强国建设进程高度契合，关乎中华民族永续发展，影响深远、意义重大。“十四五”是碳达峰的关键期、窗口期，我们要构建清洁低碳安全高效的能源体系，实施重点行业领域减污降碳行动，推动绿色低碳技术实现重大突破，完善绿色低碳政策和市场体系，倡导绿色低碳生活，营造绿色低碳生活新时尚。

“实现碳达峰、碳中和，共建清洁美丽的世界”的活动中，《碳达峰与碳中和实施指南》是一本适合广大读者阅读的科普性读本，以通俗易懂的形式将碳达峰、碳中和相关政策、科学知识展示给读者，值得一读。碳达峰、碳中和是创新发展路径，可以协同推动高质量发展，增加绿色供给、投资和就业，让我们共同参与应对气候变化的积极行动，让人人都能共享绿色转型的效益。

国家气候战略中心战略规划部主任

2021年5月于清华园

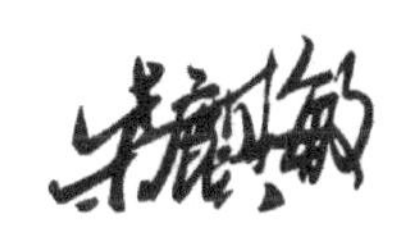

前言

21 世纪人类面临的重大挑战之一是全球气候变化。随着人类活动的影响，全球气候危机的影响范围越来越大、越来越严重。全球平均气温正以前所未有的速度上升，洪水、干旱、热浪、森林火灾和海平面上升等一系列灾害性极端气候事件不断地发生，人类跨越不可逆转的翻转点的风险也在增加。

我国是全球最大的碳排放国，因为我国经济正处于高速发展中，制造业、工业不断转型升级，这过程中难免会带来碳排放问题。在减少碳排放、保护环境方面，我国一直在积极努力，因为应对气候变化事关国内和国际两个大局，事关全局和长远发展，是参与全球治理和坚持多边主义的重要领域。

我国要用不到10年时间实现碳达峰，用不到30年时间完成从碳达峰向碳中和的过渡。因为发展阶段不同，一些发达国家早已实现碳达峰，然后用60至70年时间从碳达峰向碳中和过渡。相比之下，我国碳达峰和碳中和的速度更快、力度更大、任务更艰巨。

中国企业的减碳意识已经越来越强，有越来越多企业已经提出了零碳目标。而面对低碳转型浪潮，企业需要做好自身能力建设，开展碳核算，制定科学的减排目标，在工艺、技术方面转型升级，实施节能减排行动，实现高质量发展。在转型浪潮中，企业也将需要大量的碳中和专家，围绕碳中和目标，有效的内外部协同推进目标实施。

基于此，我们编写了《碳达峰与碳中和实施指南》一书，通过理论结合企业实操案例，帮助一批行业人员快速成长为具备碳中和管理思维和能力的专业人才，帮助企业搭建碳中和目标的核心人才梯队，助力稳步低碳转型。

本书分理论篇、路径篇和实践篇三个部分。其中，理论篇包括气候变化与碳排放，碳达峰与碳中和认知，碳达峰与碳中和目标，国外碳中和管理政策，国内碳中和管理政策，碳排放的现状和趋势六章内容；路径篇包括能源替代，节能增效，增加生态碳汇，构建有效碳市场，碳捕集、利用与封存五章内容；实践篇包括交通运输业碳中和实践，电力行业碳中和实践，钢铁行业碳中和实践，房地产行业碳中和实践，农业农村碳中和实践，企业碳中和实践，公众碳中和实践七章内容。

参与本书编写和提供资料的有张燕龙、刘畅、刘洋、王东、钟晓辉、夏晶寒、邵建平、徐红萍、刘向阳、吴楠、黄虹飞、方锐、高源、周立颖、卢炜、王克雷、孙琦、王红野、肖永辉、李珊、刘潇、张艺玮、方科迪、侯青青、李坤林、陆雅英、张力、田成文、赵瑗、刁丽燕、马虹等。

同时，深圳市生态环境局、深圳排放权交易所、深圳能源集团、浙江省能源集团、巴士集团股份有限公司、龙川县林业局、金诺碳投环保科技（北京）有限公司也对本书编写工作提供了大力支持和帮助，在此一并表示感谢。

本书的特点是内容全面、深入浅出、易于理解，尤其注重实际操作，对所涉业务的操作要求、步骤、方法、注意事项做了详细的介绍，并提供了大量在实际工作中已被证明行之有效的范本，供读者参考学习。

由于笔者水平有限，书中难免会有疏漏之处，敬请读者批评指正。

编者

01

第一部分 理论篇

02

第二部分　路径篇

第一部分
理论篇

01

第一章
气候变化与碳排放

气候变化问题是全人类共同面临的严峻挑战，妥善应对气候变化，推动低碳发展模式是应对气候变化的必由之路，也是推进生态文明建设、生态环境高水平保护的重要途径。

一、气候变化的定义

在《联合国气候变化框架公约》(United Nations Framework Convention on Climate Change，UNFCCC）中，将气候变化定义为：在自然原因而引起的气候变化之外，由人类活动直接或间接地改变全球大气组成所导致的气候改变。

二、造成气候变化的原因

引起气候变化的原因，既有自然因素，也有人为因素。具体如图1-1所示。

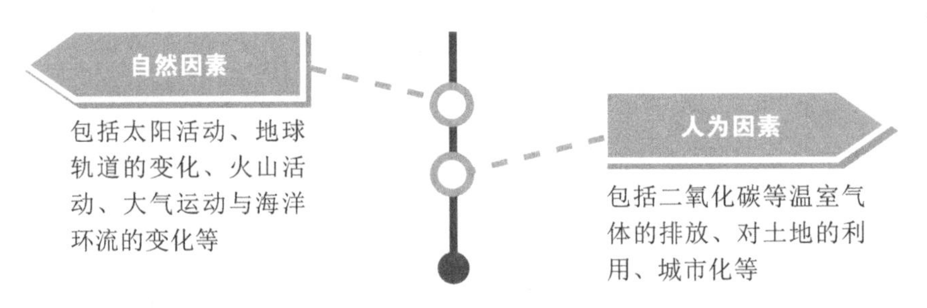

图1-1　造成气候变化的原因

三、气候变化带来的影响

20世纪以来，工业化加快，人口剧增，矿质燃料和能源的过度开发，森林大面积砍伐等，导致大气中温室气体剧增，全球气候发生急剧变化。具体来说，气候变化带来的影响主要表现在图1-2所示的3个方面。

极端灾害性气候事件趋多趋强，冰川和积雪融化加速，水资源分布失衡，生物多样性受到威胁

冰川和积雪融化会引起海平面上升，沿海地区遭受洪涝、风暴等自然灾害影响更为严重，小岛屿国家和沿海低洼地带甚至面临被淹没的风险

3

气候变化对农、林、牧、渔等经济社会活动会产生不利影响，造成社会经济发展滞缓，加剧疾病的传播，威胁人民群众身体健康

图1-2　气候变化带来的影响

据政府间气候变化专门委员会报告，温度升高若超过2.5℃，全球所有区域都可能遭受不利影响，发展中国家受到的损失尤其严重；若升温4℃，则全球生态系统可能会受到不可逆的损害，全球经济更是会蒙受重大损失。

据2006年我国发布的《气候变化国家评估报告》，气候变化对我国的影响主要集中在水资源、自然生态系统、农业和海岸带等领域，可能导致南方地区洪涝灾害加重、北方地区水资源供需矛盾加剧、草原和森林等生态系统退化、生物灾害频发、生物多样性锐减、农业生产不稳定性增加、沿海地带灾害加剧、台风和风暴潮频发。

2015年《第三次气候变化国家评估报告》显示，我国气候变暖速率高于全球平均值。评估报告显示，20世纪70年代至21世纪初，我国冻土面积减少约18.6%，冰川面积退缩约10.1%。未来，我国区域气温将继续上升。到21世纪末，可能增温1.3～5℃。气候变化对我国影响利弊共存，总体上弊大于利。

四、气候变化的应对主张

全球气候变化问题已经引起了国际社会的普遍关注。

1.第一次世界气候大会

第一次世界气候大会于1979年在瑞士日内瓦举行,在这次大会上，科学家发出严厉的警告：二氧化碳在大气中的浓度增加将导致地球升温。气候变化因而第一次被提上议事日程，受到了国际社会的广泛关注。

2.《联合国气候变化框架公约》

《联合国气候变化框架公约》是指联合国大会于1992年5月9日通过的一项公约。该公约于同年6月在巴西里约热内卢召开的由世界各国政府首脑参加的联合国环境与发展会议期间开放签署。1994年3月21日，该公约正式生效，地球峰会上由150多个国家以及欧洲经济共同体共同签署。截至2013年11月，公约已拥有195个缔约方，每年举行一次缔约方大会。

公约由序言及26条正文组成，遵循“共同但有区别的责任”等基本原则。公约对缔约国具有法律约束力，终极目标是将大气温室气体浓度维持在一个稳定的水平。根据“共同但有区别的责任”原则，公约对发达国家和发展中国家规定的义务以及履行义务的程序有所区别，具体如图1-3所示。

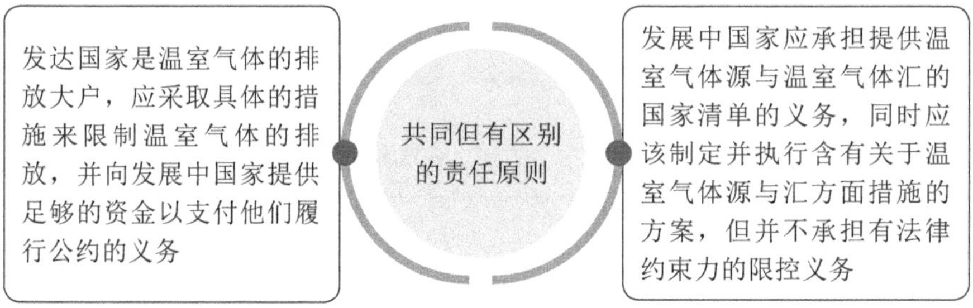

发达国家是温室气体的排放大户，应采取具体的措施来限制温室气体的排放，并向发展中国家提供足够的资金以支付他们履行公约的义务

共同但有区别的责任原则

发展中国家应承担提供温室气体源与温室气体汇的国家清单的义务，同时应该制定并执行含有关于温室气体源与汇方面措施的方案，但并不承担有法律约束力的限控义务

图1-3　共同但有区别的责任原则

小提示

温室气体的“源”，就是指温室气体向大气排放的过程或活动；而温室气体的“汇”是指温室气体从大气中清除的过程、活动或机制。地球的大气中重要的温室气体包括水蒸气（H_2O）、臭氧（O_3）、二氧化碳（CO_2）、氧化亚氮（N_2O）、甲烷（CH_4）、氢氟氯碳化物（CFCs，HFCs，HCFCs）、全氟碳化物（PFCs）及六氟化硫（SF_6）等。

3.《京都议定书》

《京都议定书》是《联合国气候变化框架公约》的补充条款，全称为《联合国气候变化框架公约京都议定书》，是《联合国气候变化框架公约》第3次缔约方大会在日本京都召开时，由149个国家和地区的代表共同制定的。其目标是限制发达国家温室气体排放量以抑制全球变暖，进而防止剧烈的气候改变对人类造成伤害。

小提示

《京都议定书》目前已经有170多个国家被批准加入了该议定书，但是需要在占全球温室气体排放量55%以上的国家中至少55个国家的批准，才能成为具有法律约束力的国际公约。

4.《巴黎协定》

在2015年12月的法国巴黎，世界见证了具有历史意义的气候变化《巴黎协定》的诞生。在这一协定中，世界各国庄严承诺，要大力减少温室气体的排放，在21世纪之内将全球气温的上升幅度控制在2℃之内。

《巴黎协定》与《京都议定书》是并行的，《巴黎协定》是基于《联合国气候变化框架公约》和《京都议定书》之上一个更强有力的、更新的一个协议。整个气候变化的全球治理体系实际上是建立在《联合国气候变化框架公约》《京都议定书》和《巴黎协定》这样一个基础上的，它们都是全球气候变化治理体系中的一部分。《京都议定书》有两个承诺期：从2008年到2012年的第一承诺期，从2012年到2020年的第二承诺期。这个承诺的实现就需要《巴黎协定》来推动应对气候变化的国际进程。

《巴黎协定》改变了此前《联合国气候变化框架公约》《京都议定书》确立的“自上而下”的治理模式，构建了基于“自下而上”的“国家自主贡献方案”的治理模式，由此形成了人类历史上参与范围最广的全球减排协议。

《2020年全球气候状况》发布

2021年4月19日，世界气象组织（WMO）发布了《2020年全球气候状况》报告。该报告记录了气候系统多个指标的变化，如温室气体浓度、不断上升的陆地和海洋温度、极端天气、冰川消融、海平面上升等，并说明了这些变化对经济社会发展、粮食安全、人口迁移以及陆地和海洋生态系统的影响。

报告所提供的所有关键气候指标及相关影响信息都在强调一个观点：持续的恶劣气候变化、极端灾害气候事件的发生频率和强度的不断增加，以及其带来的重大损失和破坏，都正在强烈地影响着人类、经济和社会。即使各国政府采取的减缓措施取得成功，气候变化的负面影响趋势仍将持续数十年之久。

1.2020年是有记录以来最暖的三个年份之一

尽管2020年发生了具有降温效应的拉尼娜事件，但这一年仍是有记录以来最暖的三个年份之一，全球平均温度较工业化前水平高出了1.2℃左右。2011～2020年是有记录以来最暖的十年。

2019年和2020年，主要温室气体的浓度持续上升，全球二氧化碳浓度已超过410×10^{-6}。如果二氧化碳浓度延续往年的相同模式，在2021年就有可能达到或超过414×10^{-6}。根据联合国环境规划署的信息，由于疫情的影响，经济衰退暂时使温室气体排放降低了，但这对大气温室气体浓度并没有明显影响。

2.海洋持续变暖

联合国教科文组织政府间海洋学委员会指出，海洋酸化和含氧量持续下降，这极大地影响着生态系统、海洋生物和渔业的发展。

2019年海洋热含量达到了有记录以来的最高水平，2020年延续了这一趋势。过去十年来海洋变暖的速度高于长期平均水平，这表明海洋在不断地吸收温室气体捕获热量。2020年，超过80%的海域至少经历了一次海洋热浪。近年来海平面一直以更快的速度上升，部分缘于格陵兰冰盖和南极冰盖的加速融化。

3.冰冻圈风险加大

自20世纪80年代中期以来，北极气温升高的速度至少两倍于全球平均水平。2020年北极的夏季海冰覆盖面积最低值达374万平方公里，这是有记录以来第二次缩减到不足400万平方公里。2020年7月和10月观测到创纪录低的海冰覆盖面积。

格陵兰冰盖质量在继续损失。尽管表面的质量平衡接近长期平均水平，但冰山崩解造成的冰损失是40年来卫星记录的高点。2019年9月至2020年8月，格陵兰冰盖的冰损失约为1520亿吨。南极的海冰覆盖范围仍接近长期平均水平，但自20世纪90年代末以来，也呈现出明显的质量损失趋势。

4.洪水和干旱事件频发

2020年，非洲、亚洲大部分地区发生强暴雨和大范围洪水。暴雨和洪水影响了萨赫勒和大非洲之角的大部分地区，引发沙漠蝗虫爆发。印度次大陆及周边地区、韩国、日本、中国以及东南亚部分地区在这一年的不同时期降水量均异常偏高。2020年，严重的干旱影响了南美洲内陆的许多地区，其中受灾最重的是巴拉圭、阿根廷北部及巴西西部边境地区。长期干旱在非洲南部部分地区也在持续，尤其是南非北开普省和东开普省。

5.各地气温突破历史最高纪录

在西伯利亚北极的广大地区，2020年的气温较以往平均水平高出3℃多，维尔霍扬斯克镇的气温达到创纪录的38℃，随之而发生了长时间的大范围野火。在美国，夏末、秋季发生了有记录以来最大的火灾。2020年8月16日，加利福尼亚死亡谷的气温达到54.4℃，这是至少过去80年以来全球已知的最高温度。在加勒比地区，4月和9月发生了大型热浪事件。

2020年初，澳大利亚打破了其高温纪录，其中彭里斯的气温达48.9℃，这是悉尼西部澳大利亚大都市区观测到的最高温度。东亚部分地区夏季也十分热。2020年夏季，欧洲经历了干旱、热浪，不过其强度不及2018年和2019年。

6. 北大西洋飓风季命名风暴生成数量为历史最多

2020年北大西洋飓风季共生成了30个命名风暴，这是有记录以来生成命名风暴数量最多的一年。登陆美国的风暴数量达到创纪录的12个，打破了之前9个的纪录。该飓风季的最后一个风暴“约塔”是最强的风暴，在中美洲登陆前强度达到5级。2020年5月20日在印度和孟加拉国边境附近登陆的气旋“安攀”是北印度洋有记录以来造成损失最大的热带气旋，印度的经济损失约达140亿美元。该热带气旋季最强的热带气旋是台风“天鹅”2020年11月1日，“天鹅”穿过菲律宾北部，最初登陆时10分钟平均风速达220千米每小时（或更高），使之成为有记录以来的最强登陆台风之一。

7. 新冠肺炎疫情加重气候相关灾害风险

根据红十字会与红新月会国际联合会的数据，2020年有5000多万人受到气候相关灾害（干旱、风暴、洪水）以及新冠肺炎疫情的双重打击。这使得粮食不安全状况更加恶化，并给高影响事件相关的疏散、恢复和救援行动增加了另一层风险。

粮食不安全程度在经过几十年的减轻后，自2014年起又再次加重，引发的主要原因是冲突、经济衰退、气候变化和极端天气事件。2019年，将近6.9亿人（全球人口的9%）营养不良，约有7.5亿人（全球人口的近10%）面临严重的粮食不安全状况。

据统计，2010～2019年，极端天气事件平均每年造成2310万人流离失所。2020年上半年，受水文气象灾害的主要影响，大约980万人流离失所，并且主要集中在东南亚、南亚和非洲之角地区。

02

第二章 碳达峰与碳中和认知

2021年的两会工作政府报告中，“碳达峰、碳中和”这一概念稳居热词搜索的“C位”，在各行各业中均引起了热烈的关注和讨论。

一、碳与二氧化碳

1.碳

碳是自然界最普遍的元素之一，是地球上能够形成生命的最核心要素，没有碳，就没有生命。碳与我们日常生活息息相关。铅笔的笔芯由碳组成，钻石也是。米饭蔬果都是以碳为基本元素的化合物组成，衣服和日常用品也全是碳化合物产品。在人类的发展历史上，碳不仅是食物的来源、能量的来源，更是材料的来源。

随着科技的进展，碳材料将扮演越来越重要的角色。由二维碳材料组成的石墨烯是一种革命性的材料，具有优异的光学、电学、力学特性，在如图2-1所示等多个领域具有广阔的应用前景。

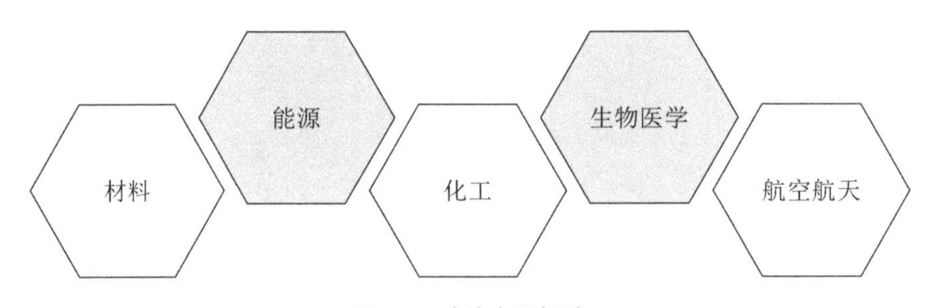

图2-1　碳的应用领域

由碳原子组成的纳米碳材料在硬度、光学特性、耐热性、耐辐射特性、耐化学药品特性、电绝缘性、导电性、表面与界面特性等方面都比其他材料优异，对未来科技的发展将起到重要的支撑作用。

2. 二氧化碳

二氧化碳（Carbon Dioxide），一种碳氧化合物，化学式为CO_2，常温常压下是一种无色无味或无色无臭而其水溶液略有酸味的气体，是空气组成的一部分，也是一种常见的温室气体。

随着大气中二氧化碳浓度的增加，越来越多地吸收地面反射的红外线，使得大量进入大气层的太阳辐射能保留在地面附近的大气中，从而使地球表面变得更暖，类似于温室截留太阳辐射，这一过程被称为温室效应。如图2-2所示。

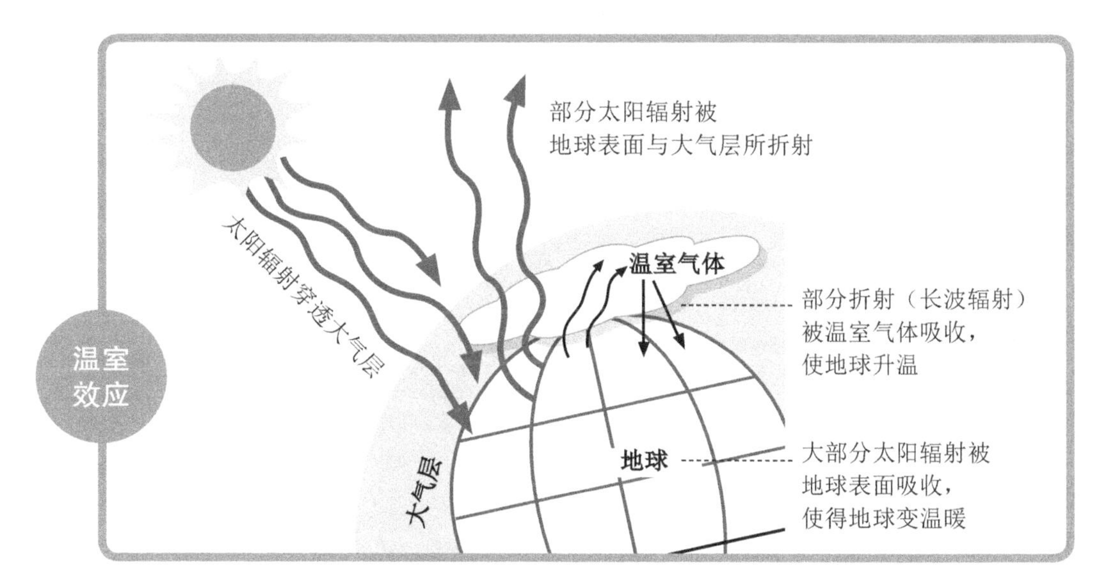

图2-2　温室效应示意图

温室效应导致气候变化，而气候变化的后果十分严重，包括图2-3所示的种种情况，将威胁人类在地球上的生存和发展。

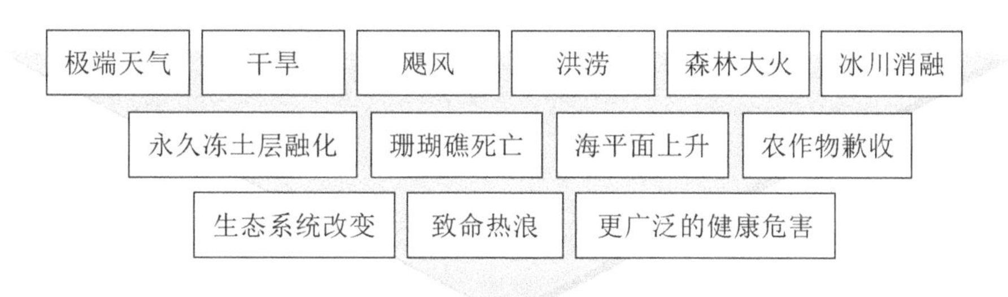

图2-3　气候变化导致的后果

因此，人类需要以控制地表温度上升为目的，控制温室气体在大气中的浓度，使得全球气候处于适合人类居住的范围内。由于二氧化碳在所有温室气体中占有绝对优势，它就成了控排和减排的主要对象。

二、碳达峰与碳中和的概念

碳中和、碳达峰两个概念中的“碳”指的是二氧化碳，特别是人类生产生活活动产生的二氧化碳。

1. 碳达峰

联合国气候变化政府间专门委员会（IPCC）将碳达峰定义为："某个国家（地区）或行业的年度CO_2排放量达到了历史最高值，然后由这个历史最高值开始持续下降，也即CO_2排放量由增转降的历史拐点。”碳达峰的目标包括达峰的年份和峰值。如图2-4所示。

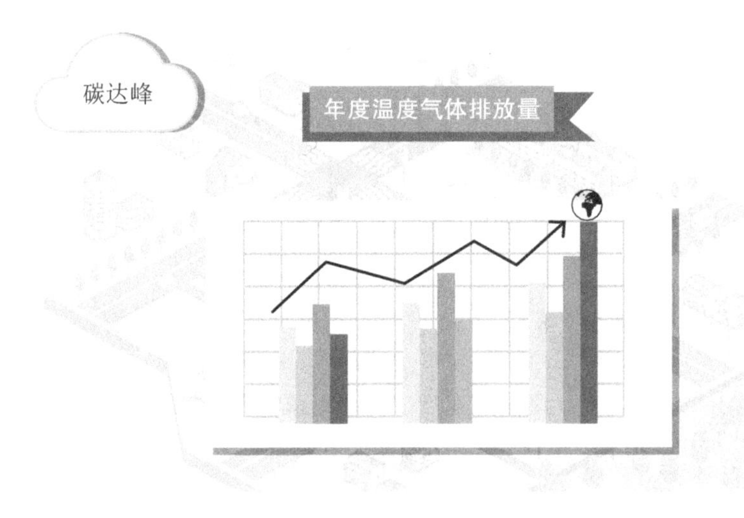

图2-4　碳达峰

2. 碳中和

IPCC将碳中和定义为："通过应用CO_2去除技术将人类活动造成的CO_2排放量进行吸收，以使空气中的CO_2量达到平衡。”如图2-5所示。

图2-5　碳中和

人类活动排放的CO_2，可通过植树造林、节能减排、产业调整等形式来抵消掉，最终达到“净零排放”的目的。如图2-6所示。

图2-6　净零排放

相关链接

与碳中和相关术语解析

序号	术语	具体说明
1	CO_2净零排放	在规定时期内人为CO_2移除在全球范围抵消人为CO_2排放时，可实现CO_2净零排放
2	净零排放	当一个组织的一年内所有温室气体排放量与温室气体清除量达到平衡时，就是净零排放
3	气候中和（气候中性）	人类活动对气候系统没有净影响的状态概念，要实现这一种状态需要平衡残余排放与排放（CO_2）移除以及考虑人类活动的区域或局地生物地球物理效应，如人类活动可影响地表反照率或局地气候
4	碳均	指万元GDP所产生的碳排放量
5	能均	指万元GDP所消耗的能源量
6	碳汇	是指通过植树造林、森林管理、植被恢复等措施，利用植物光合作用吸收大气中的CO_2，从而降低CO_2在大气中浓度的过程、活动或机制
7	负排放	泛指从大气中去除CO_2并储存在陆地或海洋中的方法，包括种树等自然方法和机器吸碳等技术，这被称为直接空气捕获
8	温室气体	是指大气中那些吸收和重新放出红外辐射的自然和人为的气态成分，包括二氧化碳、甲烷、一氧化碳、氟氯烃及臭氧等30余种气体

三、提出碳中和的原因

气候变化导致极端灾害气候事件不断发生，其影响日益严重。海洋生态系统遭受严重的破坏，具体表现是海平面上升、海洋酸化、冰川退缩等。极端强降水、高温热浪等气象灾害不仅使受害地区蒙受巨大的经济损失，更导致全球百万人死亡。气候变化还使各地生态系统遭受严重的破坏，直至影响人类的安全，如非洲等地的蝗灾严重威胁粮食安全。

目前有科学数据证明，严重威胁人类生存与发展的气候变化主要是人类活动造成的二氧化碳排放所引起的。所以，应对气候变化的关键在于“控碳”，其必由之路是先实现碳达峰，而后实现碳中和。

四、碳中和与碳达峰的关系

碳中和与碳达峰的关系如图2-7所示。

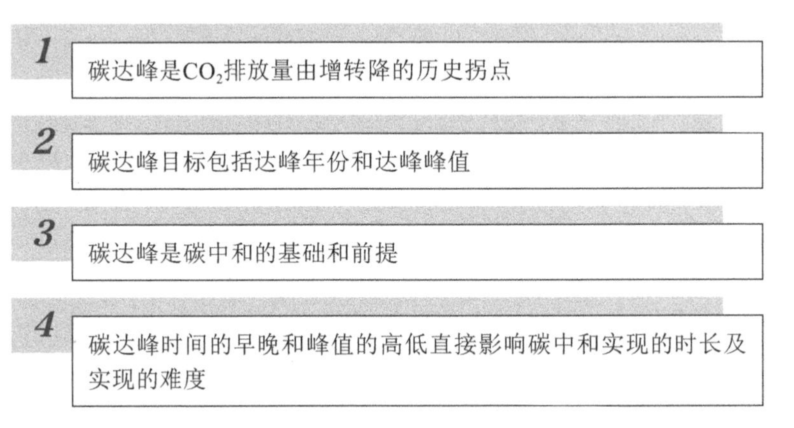

图2-7　碳中和与碳达峰的关系

03

第三章 碳达峰与碳中和目标

我国提出碳达峰、碳中和的发展目标，一方面是中国作为国际上的二氧化碳排放大国，要履行《巴黎协定》的义务，承担大国责任；另一方面，从国内来说，也符合中国自身可持续发展的需求。

一、中国碳达峰和碳中和的承诺

2020年第七十五届联合国大会上，我国向世界郑重承诺力争在2030年前实现碳达峰，努力争取在2060年前实现碳中和。2021年全国两会的政府工作报告也明确提出要扎实地做好碳达峰和碳中和的各项工作以实现我国的郑重承诺。如图3-1所示。

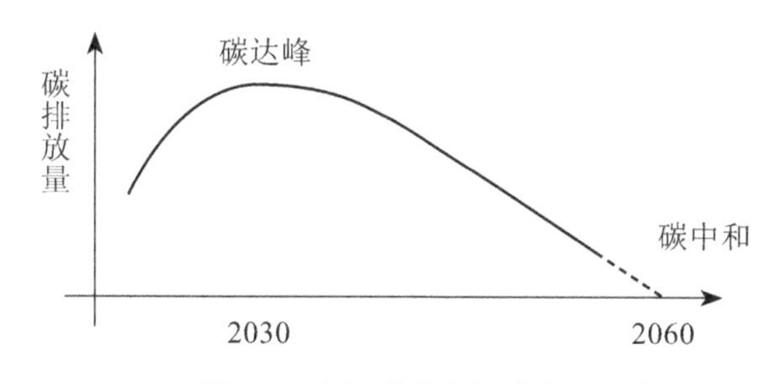

图3-1　中国碳达峰和碳中和承诺

这一公开承诺，标志着我国作为世界上最大的发展中国家，作为煤炭生产、消费、贸易量最大和以煤炭消费为绝对主体的能源大国，向世界庄严承诺要在40年之后实现碳中和目标，为实现《巴黎协定》确定的目标（将全球平均气温升幅较工业化前水平控制在显著低于2℃ 的水平，并向升温较工业化前水平控制在1.5℃努力）做出重大贡献。

小提示

我们只有实现了碳达峰的目标，才能够实现碳中和，而实现碳达峰目标时间越早，就越有利于实现碳中和目标。

二、对碳达峰碳中和的理解

对于碳达峰、碳中和可以从以下三个层面来理解。

1.从国际关系层面来看

从国际关系层面来看，碳达峰、碳中和目标是参与和引领全球治理的有力抓手。中国一直在不断提出解决全球结构性矛盾的解决方案，比如在构建人类命运共同体的倡议中，就包括了气候问题。在新型冠状病毒肺炎疫情之后，我国要加强绿色“一带一路”的政策引导和能力建设，进一步突出“一带一路”绿色发展理念，推进重点绿色投资项目，打造惠及沿线国家和地区的绿色产业链。由此可见，我国提出的“30碳达峰；60碳中和目标”，是我国作为一个大国对国际社会的承诺。

2.从国家发展战略来看

从国家发展战略来看，我国经济正处于飞速发展过程中，对石油进口的依赖度很高，更需要关注能源安全问题。基于这一目标，能够用新能源来代替石油，则对未来的能源安全将有极大促进作用。

3.从经济转型和民生福祉保障来看

从经济转型和民生福祉保障来看，从“十二五”提出的节能减排到“十三五”的绿水青山就是金山银山，再到“十四五”的碳达峰碳中和推进及执行，可以看出我国经济正从高速度向高质量发展的高层次上转变，并涵盖了对经济转型的升级，以及让人民生活更健康、更安全等方面的综合考量。

三、提出碳达峰碳中和目标的意义

做好碳达峰、碳中和工作，不仅影响我国绿色经济复苏和高质量发展、引领全球经济技术变革的方向，而且对保护地球生态、推进应对气候变化的国际合作具有重要意义。具体来说，我国提出碳达峰碳中和目标，具有图3-2所示的意义。

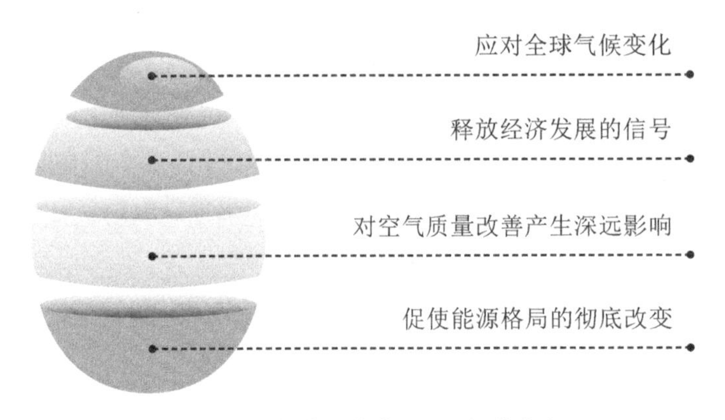

图3-2 提出碳达峰碳中和目标的意义

1.应对全球气候变化

我国是人口大国、经济大国，同时也是碳排放大国，我国能做到什么程度将在一定程度上决定着全球应对气候变化能够达到的程度。我国对于全球实现气候变化的目标对全球的气候变化而言具有决定性的影响。

2.释放经济发展的信号

碳达峰碳中和目标的提出将决定我国未来经济的走向和面貌。要实现这一目标，未来整个经济结构会发生天翻地覆的变化，国民经济也会受到全面的影响。

比如，太阳能、风能、生物质能、潮汐能、地热能和海洋能等可再生能源行业将会迎来很大的发展机遇，而煤炭采掘、煤炭燃烧发电等高排碳行业将会逐渐被淘汰。

3.对空气质量改善产生深远影响

对我国来说，温室气体和常规污染物的排放是同根且同源的。在以煤为主的能源结构下，减少温室气体的排放量，就是在减少常规污染物的排放量。碳中和目标的提出，实际上是对空气质量改善目标提出了更高、更具体的要求。

4.促使能源格局的彻底改变

从能源领域来看，要实现碳中和目标，必须走全面清洁低碳的道路，能源领域应大幅度地提高风能、太阳能、水能、生物质能、潮汐能、地热能和海洋能等非化石能源在能源使用中的占比。这意味着，我国要彻底改变以煤为主的能源格局。清洁能源以及可再生能源将逐步地提高占比，从而能源格局发生彻底的改变。

小提示

“30碳达峰/60碳中和目标”的提出对地缘政治、全球治理、世界秩序等都将产生重大影响，这充分体现了我国的大国担当精神，将实现我国在全球能源领域中的引领作用。

相关链接

“中国动力”为全球气候治理开辟新前景

2021年4月16日，中德法领导人视频峰会上，我国宣布中国将力争于2030年前实现二氧化碳排放达到峰值、2060年前实现碳中和。此次视频峰会将推动中欧双方在应对数字技术、抗击疫情、气候变化、绿色发展等多领域务实合作，推动后疫情时代的世界经济复苏。

应对气候变化是全球生态文明建设的重要议题，关乎人民福祉，也关乎人类未来。此前，在第七十五届联合国大会期间，我国已经提出将提高国家自主贡献力度，采取更加有力的政策和措施，二氧化碳排放力争于2030年前达到峰值，努力争取2060年前实现碳中和。此次视频峰会，从构建人类命运共同体的高度，阐释了应对全球气候变化的中国行动。从第七十五届联合国大会的一般性辩论，到气候雄心峰会，再到中德法领导人的视频峰会，我国为应对气候变化作贡献的态度始终是鲜明而坚定的，展现出了作为全球生态文明建设重要贡献者、引领者、参与者的担当，无疑将推动各国共同构建公平合理、合作共赢的全球气候治理体系。

作为负责任的世界大国，我国不仅有模范带头的表率行动，更有促进全球环境治理的担当作为。从推动各国达成气候变化的《巴黎协定》到全面履行《联合国气候变化框架公约》，从设立气候变化南南合作基金到大力推进绿色“一带一路”建设，我国始终秉持着人类命运共同体的理念，坚持多边主义，同世界各国一道，共同谋求全球生态文明建设，加强应对气候变化的国际合作，推动构建公平合理、合作共赢的全球气候治理体系。截至2020年底，我国已经与100多个国家开展了生态环境国际合作与交流，与60多个国家、国际及地区组织签署了约150项生态环境保护的合作文件……国际观察人士纷纷称赞，在全球气候治理的国际合作方面，“中国走在世界前列”。

四、实现碳中和的三个阶段

可以将“碳中和”的发展路径大致分为图3-3所示的三个阶段。

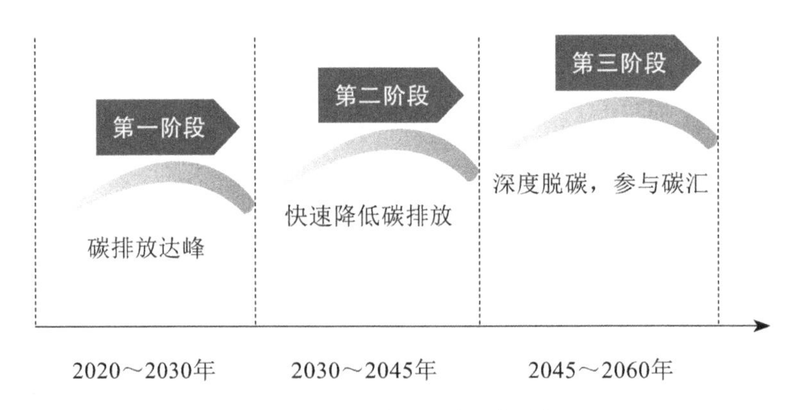

图3-3　实现碳中和的三个阶段

1. 第一阶段（2020 ~ 2030年）

2020 ～ 2030年这一阶段的主要目标为碳排放达峰。在2030年达峰目标下的基本任务如图3-4所示。

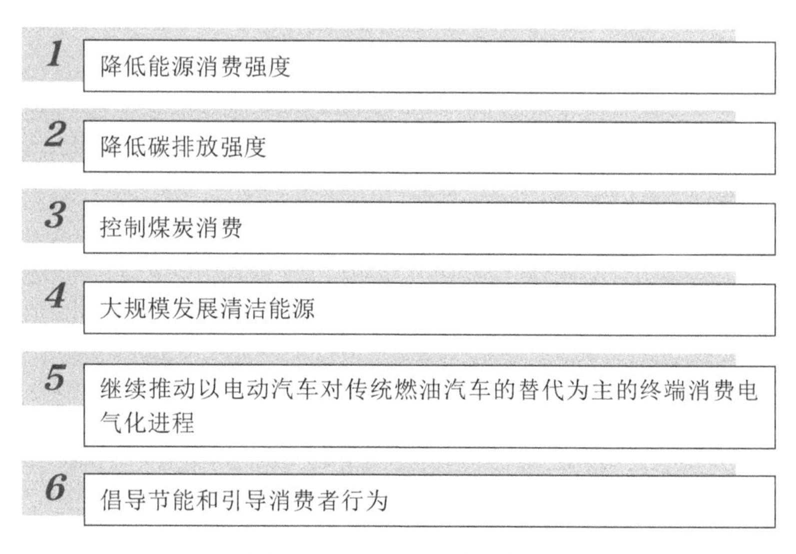

图3-4　第一阶段的主要任务

2. 第二阶段（2030 ~ 2045年）

2030 ～ 2045年这一阶段的主要目标为快速降低碳排放，主要减排途径如图3-5所示。

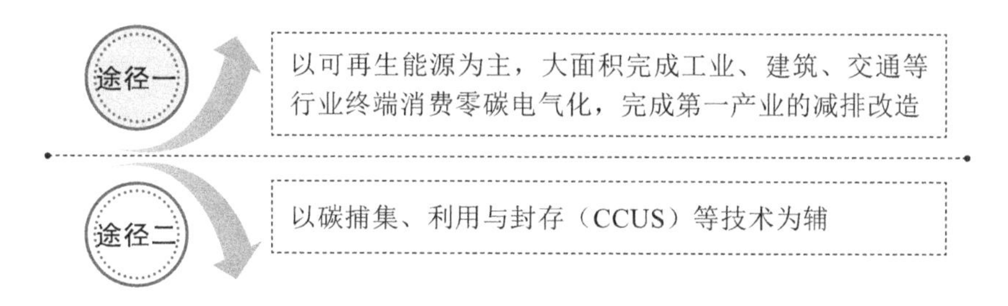

图3-5　第二阶段的减排途径

3. 第三阶段（2045 ~ 2060年）

2045 ～ 2060年这一阶段的主要目标为深度脱碳、参与碳汇，从而完成碳中和目标。在深度脱碳到完成碳中和目标的期间，工业、发电端、交通和居民侧的高效清洁利用潜力基本已经开发完毕，此时就应当考虑碳汇技术，以CCUS（Carbon Capture，Utilization and Storage，为碳捕获、利用与封存的简称，是应对全球气候变化的关键技术之一）等兼顾经济发展与环境问题的负排放技术为主。

五、实现碳中和的原则

实现碳达峰碳中和是一项复杂的系统工程，需要传统的生产方式、生活方式和消费方式从根本上加以改变，需要统筹考虑各行业投入产出效率、产业国际竞争力、国计民生关注程度、发展迫切程度、治理成本及治理难度等多种因素，从而谋划实施最优的碳达峰碳中和战略路径。因此，我国要实现碳达峰碳中和应遵循图3-6所示的原则。

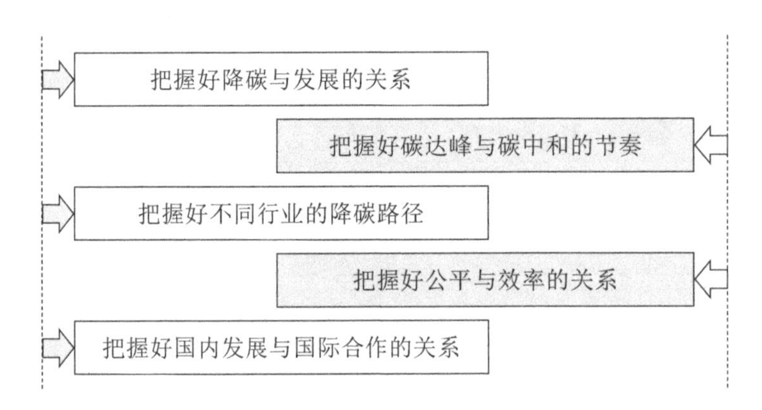

图3-6　实现碳中和应遵循的原则

1.把握好降碳与发展的关系

实现碳达峰与碳中和的时间点与全面建设社会主义现代化国家的两个阶段基本一致，因此在实施过程中要做好图3-7所示的两方面工作，以更好地支撑建设美丽中国和实现中华民族伟大复兴两大目标。

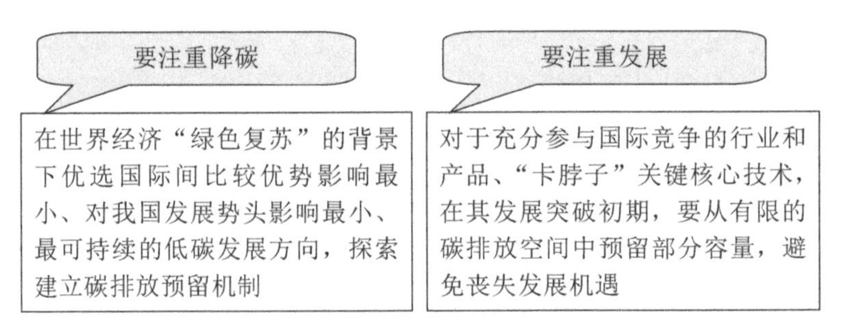

图3-7　把握好降碳与发展的关系

2.把握好碳达峰与碳中和的节奏

碳排放高质量达峰和尽早达峰是实现碳中和的前提，但不能脱离我国所拥有的各种生产要素，不能超越社会主义经济发展阶段，而过分地追求提前达峰，这样不仅会大幅增加成本，还可能会给国民经济带来负面影响。

国家“十四五”规划纲要明确了实施以碳强度控制为主、碳排放总量为辅的制度，支持有条件的地区和领域率先达到碳排放峰值。因此，我国应根据“30碳达峰/60碳中和目标”制定科学的发展时间表，对于条件成熟的地区、领域达峰时间可以稍有提前，但不宜过早，更不能不考虑客观条件而全部地提前，尤其是要防止各地区出现层层加码的现象。

3. 把握好不同行业的降碳路径

受产品性质差异、技术路线、用能方式、碳排基数等因素的影响，不同行业不同领域在碳达峰、碳中和进程中发挥的作用也有所不同。我们要在总量达峰最优框架下测算出哪个行业哪个领域能最先达峰、哪个行业哪个领域减排对社会的影响最大、哪个行业哪个领域的减排成本最低，然后再制定出最经济有效的降碳顺序和路径，具体措施如图3-8所示。

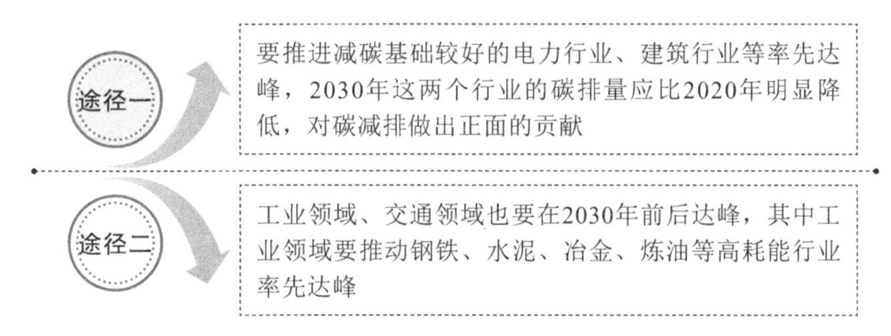

图3-8　不同行业的降碳路径

4. 把握好公平与效率的关系

要想实现碳达峰碳中和的目标，我们应采用行政手段与市场手段相结合的方式推进碳减排工作，其中市场手段用于搭建碳交易平台，行政手段用于制定碳减排的规则规范。具体如图3-9所示。

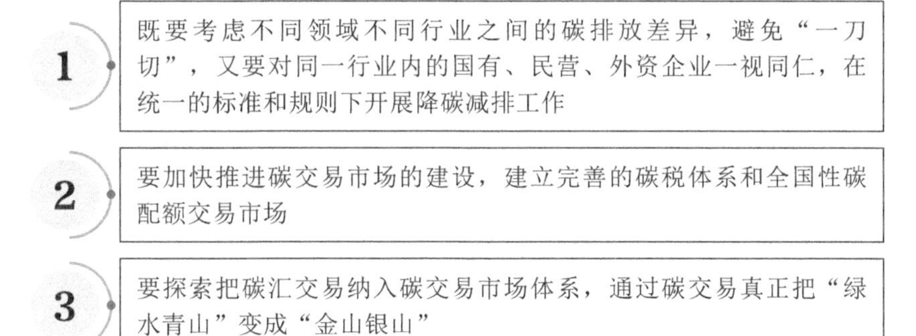

图3-9　把握好公平与效率的关系

5. 把握好国内发展与国际合作的关系

把握好国内发展与国际合作的关系的措施如图3-10所示。

在国内发展方面

要顺应全球低碳经济发展的趋势，加快制定实施低碳发展的战略，积极发展绿色低碳产业，在全民中树立建立勤俭节约的消费观念和提倡文明简朴的生活方式，推进我国能源变革和经济发展方式脱碳化转型

在国际合作方面

要坚持公平、共同但有区别的责任原则，建设性地参与和引领应对气候变化的国际合作，倡导建立国际气候交流磋商机制，参与全球碳交易市场的活动，积极开展气候变化南南合作，与“一带一路”沿线国家携手探索气候适宜型低碳经济发展之路

图3-10　把握好国内发展与国际合作的关系措施

六、实现碳达峰碳中和面临的挑战

近年来，我国在积极实施应对气候变化方面已取得了突出成绩，但要在未来40年先后实现碳达峰、碳中和的目标，还面临着艰巨的挑战，具体如图3-11所示。

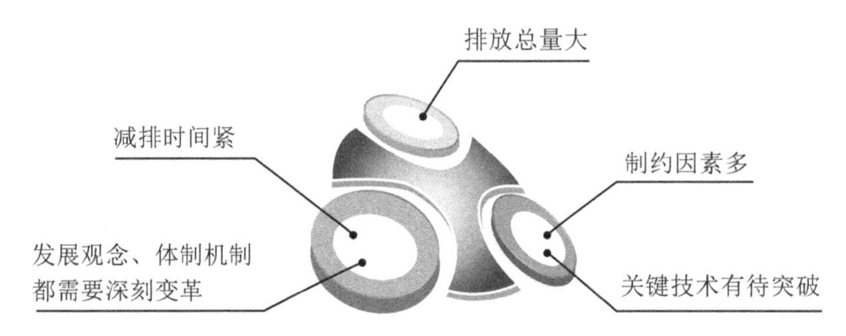

图3-11　实现碳中和面临的挑战

1. 排放总量大

我国经济体量大、发展速度快、用能需求高，能源结构中煤占比较高，这使得我国碳排放总量和强度处于“双高”状态。

2019年我国煤炭消费比重达到58%，碳排放总量在全球中的比重达到29%，人均碳排放量比世界平均水平高了46%。

尽管过去10年煤炭的使用总量有所下降，但在一次能源中的占比仍然非常高。煤炭在我国能源产业结构中的主导位置短期内无法改变，这无疑增加了实现碳达峰、碳中和

的难度。要想把煤炭总使用量降下去，首先应当是全力去除散煤，接下来是极大减少工业过程用煤，不增加新的煤电装机，并在2030年后逐步有序地减少煤电发电和装机。

2.减排时间紧

我国目前仍处于工业化和城镇化快速发展的阶段，能源结构和产业结构都具有高碳特点，要用不到10年时间改变能源结构和产业结构，实现碳达峰，然后再用30年左右时间实现碳中和，意味着碳排放达峰后就要快速下降，也就是说碳达峰和碳中和之间几乎没有缓冲期，因此，我国要实现减排目标需要付出艰苦的努力。

3.制约因素多

碳减排既是气候环境问题，同时也是发展问题，它涉及社会、经济、能源、环境等方方面面，因此，需统筹考虑图3-12所示的诸多因素，这些制约因素对我国能源转型和经济高质量发展提出了更高的要求。

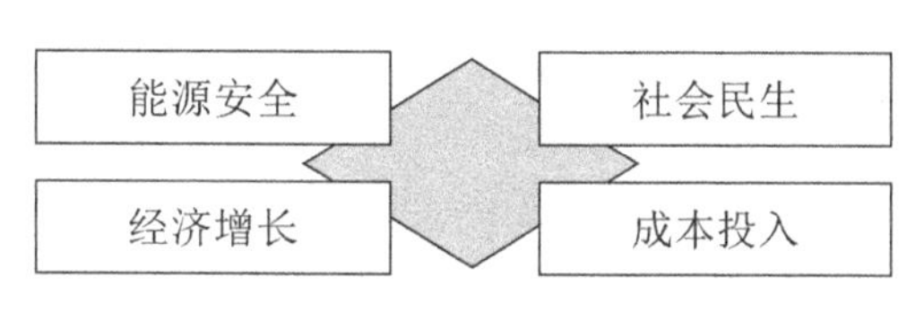

图3-12　碳减排的制约因素

4.关键技术有待突破

目前，很多关键技术还有待突破。

比如，清洁能源如何实现有效存储，电动车如何大幅度提高续航里程、缩短充电时间、处置废旧电池等难题都在攻关之中。

5.发展观念、体制机制都需要深刻变革

无论是局部污染物还是温室气体的减排，目前都是政府投资、社会受益的发展模式。由于私人投资尚无回报机制，企业没有投资动力，很难长期持续地发展，国家需要通过创立排放交易市场而建立完善投资回报机制，具体如图3-13所示。

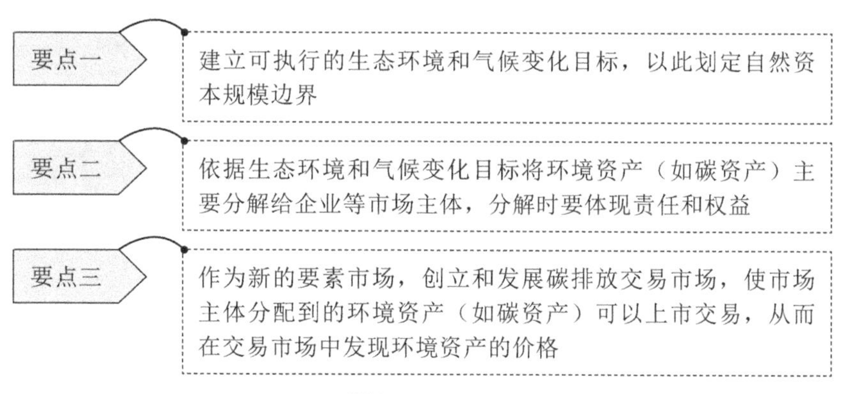

图3-13

要点四

在碳排放交易市场价格的指导下，投资者和技术研发者形成稳定持续的预期，从而做出投资和研发决策，源源不断进行低碳投资和开展低碳技术创新研发

要点五

优化现有绿色信贷产品，创新绿色信贷品种，推广新能源贷款、能效贷款、合同能源管理收益权质押贷款等能源信贷品种，创新绿色供应链、绿色园区、绿色建筑、绿色生产、个人绿色消费等绿色信贷品种，降低绿色信贷资金成本，扩大绿色信贷规模

图3-13　完善投资回报机制的要点

我们要在社会主义现代化建设的宏伟蓝图中科学谋划碳中和路径与方案，就必须立足国情和发展的实际来进行研究思考，其中的关键点是要坚持新发展理念和系统观念，统筹好近期与长远、发展与减排、全局与重点，以开辟出一条高效率减排的碳达峰、碳中和之路。

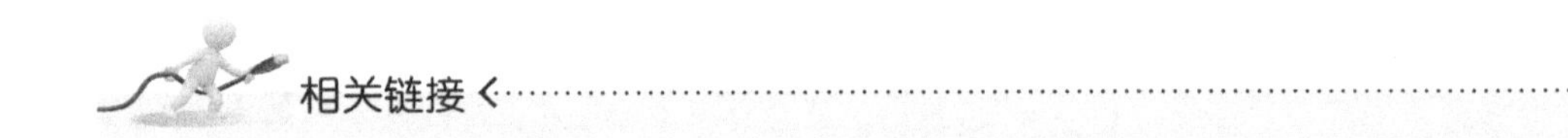

碳中和认知的误区

误区一：靠种植植被和碳捕集技术能够替代减排

很多人认为，实现净零排放目标，主要是通过储存在植被、土壤和岩石中的大量“负排放”来清除大气中的二氧化碳。

然而，部署负排放所需的技术当前还没有得到完全证实，不应以此来取代今天的实际碳减排，否则，目前的高排放量将在短短几年内消耗掉全球剩余不多的碳预算。

与此同时，二氧化碳去除技术目前也尚在开发中，而且成本高、能耗高、风险大，大规模部署的可能性低。所以，我们不应把净零排放目标建立在这样不确定的未来技术上。

在实现碳中和的过程中，碳捕捉、碳储存、植树等抵消碳排放相对来说比较有限，未来很大的碳中和潜力仍要放在能源结构的调整上，要让光伏、风电成为整个能源的主力。目前我国火电的占比是70%左右，光伏、风电的占比10%左右，未来要实现碳中和，光伏、风电的占比需要达到40%～50%。

误区二：推进碳中和等新能源发电将影响经济社会发展

碳中和目标确实会对部分传统的高碳行业带来一定的不利影响，包括油气和煤炭行业。但碳中和并非一蹴而就，而是一个不断的转型过程，在这一过程中，不适应新

发展需求的高碳行业将会有序退出，也就因此拥有相对充分的缓冲时间。

除此之外，并非所有的高碳行业和产品都会消失，如气电、煤电将在提供系统的灵活性上找到其生存空间。

碳中和目标也将为高质量转型发展提供助力，倒逼产业升级，促进绿色创新，并创造一批新兴产业。比如太阳能发电、风电、光伏发电12亿千瓦以上装机目标，将很大程度上促进可再生能源产业的发展，分布式能源、储能、氢能、电动汽车、自动驾驶、能源互联网等新兴产业也将在碳中和的愿景下展现出巨大的发展潜力。

据国际劳工组织2018年的报告，到2030年，清洁能源、绿色金融、电动汽车等创新性新兴产业将为全球创造2400万个就业机会，而同期石油开采、煤炭等高碳产业失去的工作岗位仅600万个。

许多人担忧应对气候变化可能会影响和阻碍经济发展，但碳达峰、碳中和的战略并不是就气候谈气候、就低碳谈低碳，实际上是一个经济社会发展的综合战略。欧洲的绿色新政除了在工业、建筑、能源等七个领域制定了一整套深度的转型政策之外，还有更高的目的，就是将欧盟转变为富有竞争力的资源节约型现代经济体，实现可持续发展。

误区三：从事碳中和相关技术的企业都具有发展前景

第三个误区就是把碳中和想得很容易。比如，资本市场上往往认为只要涉及碳中和的企业、技术就会有很大的发展前景，实际上，有些企业未来可能会难以存活下去。

企业在推进碳中和的过程中，成本控制是个很大的难题。比如目前的光伏、风电等行业具备了一定的技术，但是成本控制若不得当，企业也难生存下去。

另外，碳中和领域的一些市场在开始推进时会比较温和，实现碳中和的过程也比较缓慢，可能需要几十年的时间，对从事该领域的企业而言，商业模式、市场接受度、技术等都需要考量，需要时间来证明，所以，从这一方面来说，并不是所有企业都能存活下去。

误区四：发达国家无需为发展中国家碳减排提供帮助

发达国家无需为发展中国家碳减排提供帮助是关于碳中和的第四个误区。为实现减排目标，发展中国家需要付出比发达国家更大的努力，因为它们在应对气候变化的同时，还面临经济发展、环境、贫困、就业等诸多需要解决的难题。

在没有大规模、低成本能源解决方案的前提下，发展中国家为了生存和发展，必然要使用一定量的高碳能源来维持经济社会发展，由此会带来碳排放量的增长。

为此，国际气候的治理应继续坚持“共同但有区别、公平和各自能力”的原则，我们应正视发展中国家的发展需要和特殊国情。发达国家也应切实履行承诺，通过资金和技术转移来帮助发展中国家提升应对能力，加速碳中和目标的实现。

04

第四章 国外碳中和管理政策

国际社会的普遍做法是运用法治手段来推进碳达峰碳中和。目前已有127个国家和地区承诺实现碳中和目标，其中许多国家和地区甚至已经将达标时间和措施明确化。一些国家和区域已经制定了气候变化（相关）的法律法规来为实现碳中和提供法律保障。

一、国外碳中和的法律政策

1.欧盟

欧盟在全球可持续发展的潮流中一直是引领者，当前欧盟已将碳中和目标写入了法律。

（1）推动碳减排立法。为实现2020年气候和能源目标，欧盟委员会于2008 年1 月至12 月通过“气候行动和可再生能源一揽子计划”法案，包括图4-1所示的内容，由此形成了欧盟的低碳经济政策框架。

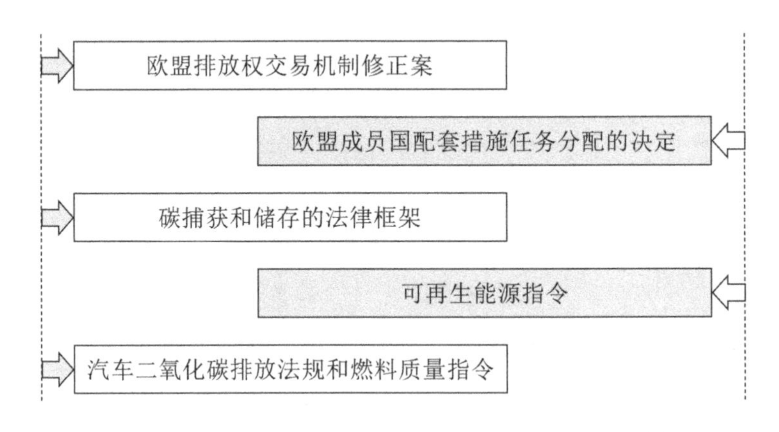

图4-1 欧盟“气候行动和可再生能源一揽子计划”法案框架

该框架是最早具有法律约束力的欧盟碳减排计划，是全球实现减缓气候变化目标的气候和能源一体化政策。

（2）提出目标。欧盟委员会于2020年1月15日通过《欧洲绿色协议》，提出欧盟于2050年实现碳中和的碳减排目标，这为《欧洲气候法》的出台和将碳中和目标写进法律做好了铺垫。

此外，《欧洲绿色协议》设计出欧洲绿色发展战略的总框架，其行动路线图涵盖了诸多领域的转型发展，涉及能源、建筑、交通及农业等经济领域的措施尤其多。

（3）正式立法。欧盟委员会于2020年3月发布了《欧洲气候法》，以立法的形式确保2050年实现碳中和的欧洲愿景的达成，从法律层面为欧洲所有的气候环境政策设定了目标和努力方向，并建立法律框架帮助各国实现2050年碳中和目标，这一目标具有法律约束力，所有欧盟成员国都集体承诺在欧盟和国家层面采取必要措施以实现此目标。

2. 英国

在应对全球气候变化、实现碳中和的目标上，英国一直非常积极，已经通过了一系列的承诺和改革举措，在该领域保持世界领先地位，具体如图4-2所示。

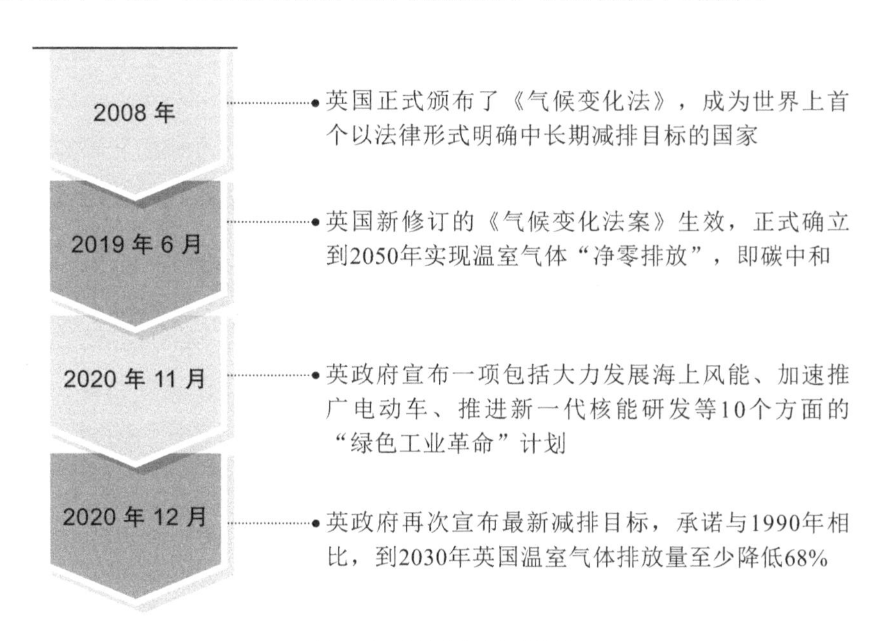

图4-2　英国碳中和举措

3. 德国

德国的碳中和法律体系具有系统性。

（1）出台减排战略。21世纪初，德国政府便出台了一系列国家长期减排战略、规划和行动计划，如2008年的《德国适应气候变化战略》、2011年的《适应行动计划》及《气候保护规划2050》等。

除此之外，德国政府还通过了一系列法律法规，如《可再生能源优先法》《可再生能源法》《联邦气候立法》及《国家氢能战略》等。

（2）正式立法。2019年11月15日，德国政府通过了《气候保护法》，首次以法律形式确定了德国中长期温室气体减排目标：到2030年实现温室气体排放总量较1990年至少减少55%，到2050年实现温室气体净零排放，即实现“碳中和”。

德国的《气候保护法》明确了工业、建筑、能源、交通、农林等不同经济部门所允许的碳排放量，并规定联邦政府有责任有权力监督有关领域实现每年的减排目标。

4. 法国

法国政府也为碳中和目标做出了持续性的努力。法国政府于2015 年8 月通过了《绿色增长能源转型法》，该法确定了法国国内绿色增长与能源转型的时间表。

此外，法国政府还于2015年提出了《国家低碳战略》，从而制定了碳预算制度。2018 ～ 2019年间，法国政府对该战略继续进行修订，将2050年温室气体排放减量目标调整为碳中和目标。法国政府于2020 年4 月21 日最终以法令的形式正式通过了《国家低碳战略》。

除此之外，法国政府在过去几年还制定并实施了《法国国家空气污染物减排规划纲要》《多年能源规划》（PPE）等，为实现节能减排、促进绿色增长提供了有力的政策保障。

5. 瑞典

瑞典气候新法于2018 年初生效，该法为温室气体减排制定了长期目标：在2045年前实现温室气体零排放，在2030年前实现交通运输部门减排70%。该法从法律层面规定了每届政府的碳减排义务，即必须着眼于瑞典气候变化总体目标来制定相关的政策和法规。

6. 美国

美国作为一个碳排放大国，其碳排放量在全球占比15%左右。继先后退出《京都议定书》《巴黎协定》之后，现任总统拜登于2021年1月20日上任第一天就宣布重返《巴黎协定》，并就减少碳排放提出了若干新的政策。

（1）最新目标。到2035年，向可再生能源过渡以实现无碳发电；到2050年实现碳中和。这是美国在气候领域提出的最新目标。

（2）具体措施。为了实现美国的“35/50”碳中和目标，拜登政府计划投资2万亿美元于基础设施、清洁能源等重点领域。

具体措施主要如图4-3所示。

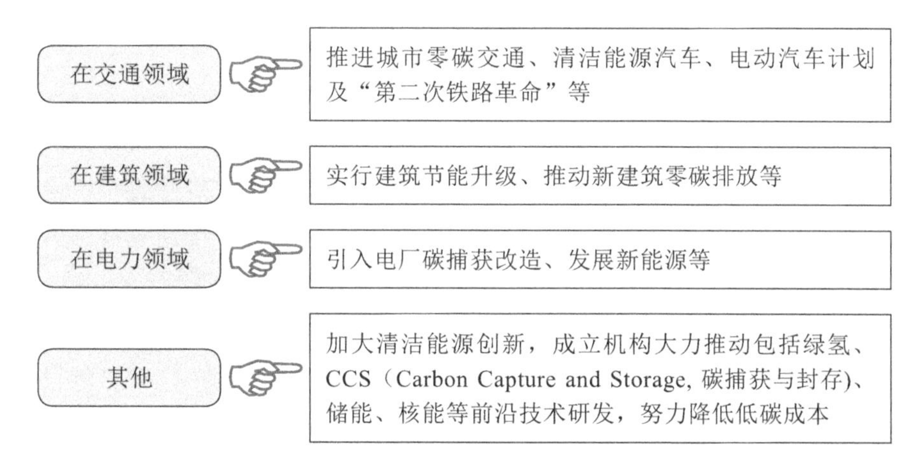

图4-3　美国实现碳中和的具体措施

美国的气候和能源政策目标正越来越清晰，在2050年实现碳中和是其长远目标，其战略路径则是由传统能源独立向清洁能源独立。

7. 澳大利亚

澳大利亚政府对于气候减排并不积极，其气候政策也处在摇摆不定中。直到2007年澳大利亚政府才签署《京都议定书》。

自2018年8月莫里森任职总理后，澳大利亚气候政策主要表现如图4-4所示。

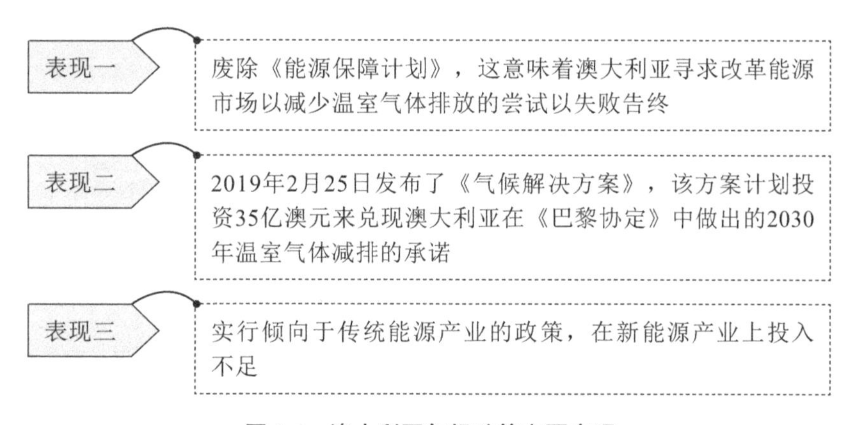

图4-4　澳大利亚气候政策主要表现

8. 日本

国际能源署的数据表明，日本是2017年全球温室气体排放的第六大贡献国，自2011年福岛灾难以来，尽管日本在节能技术上有所发展，但仍对化石能源具有很强的依赖性。

（1）法律依据。为减少因使用化学能源的温室气体排放，日本此前颁布的《关于促进新能源利用措施法》（1997年）和《新能源利用的措施法实施令》（2002 年）等法规政策可视为日本实现碳中和目标的法律依据。

除此之外，日本政府还发布了针对碳排放和绿色经济的政策文件，如《面向低碳社会的十二大行动》（2008 年）及《绿色经济与社会变革》（2009 年）政策草案。

（2）提出目标。为应对气候变化，日本政府在2020年10月25日公布了“绿色增长战略”，确定了到2050年实现净零排放的目标，该战略的目的在于通过技术创新和绿色投资的方式加速向低碳社会转型。

（3）公布脱碳路线图草案。日本政府于2020 年底公布了脱碳路线图草案。其中不仅书面确认了“2050年实现净零排放”，还为海上风电、电动汽车等14个领域设定了不同的发展时间表，其目的是通过技术创新和绿色投资的方式加速向低碳社会转型。该草案提出了图4-5所示的三个目标。

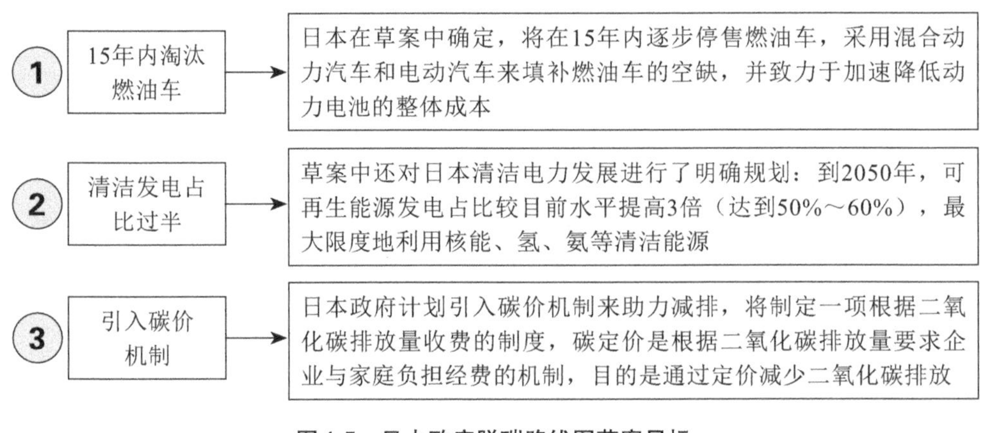

图4-5　日本政府脱碳路线图草案目标

9.其他国家

其他各国提出碳中和的目标分别如表4-1所示。

表 4-1　其他各国碳中和的目标

国家	目标日期	承诺性质	具体说明
奥地利	2040年	政策宣示	奥地利联合政府承诺在2040年实现气候中立，在2030年实现100%清洁电力，并以约束性碳排放目标为基础
加拿大	2050年	法律规定	加拿大政府于2020年11月19日提出法律草案，明确要在2050年实现碳中和
智利	2050年	政策宣示	皮涅拉总统于2019年6月宣布智利努力实现碳中和；2020年4月，智利政府向联合国提交了一份强化的中期承诺，重申了其长期目标，已经确定在2024年前关闭8座燃煤电厂，并在2040年前逐步淘汰煤电

续表

国家	目标日期	承诺性质	具体说明
不丹	目前为碳负，并在发展过程中实现碳中和	《巴黎协定》下自主减排方案	不丹人口不到100万，收入低，周围有森林和水电资源，平衡碳账户比大多数国家容易，但经济增长和对汽车需求的不断增长，正给碳排放增加压力
哥斯达黎加	2050年	提交联合国	总统奎萨达于2019年2月制定了一揽子气候政策，12月向联合国提交了计划，确定2050年碳净排放量为零
丹麦	2050年	法律规定	丹麦政府在2018年制订了到2050年建立“气候中性社会”的计划，该计划确定从2030年起禁止销售新的燃油汽车，支持电动汽车
斐济	2050年	提交联合国	斐济向联合国提交了一份气候变化计划，目标是在所有经济部门实现净零碳排放
芬兰	2035年	政策宣示	芬兰的五个政党于2019年6月同意加强该国的气候法，2020年2月，芬兰政府宣布，芬兰计划在2035年成为世界上第一个实现碳中和的国家
匈牙利	2050年	法律规定	匈牙利在2020年6月通过的气候法中承诺到2050年实现碳中和
冰岛	2040年	政策宣示	冰岛政府于2018年通过并开始实施《气候行动计划(2018～2030)》，该计划的目标是：在2030年禁售新燃油车，在2040年前完全实现碳中和，到2050年，化石燃料将逐步淘汰
爱尔兰	2050年	执政党联盟协议	爱尔兰的三个政党在2020年6月敲定的一项联合协议中，同意在法律上设定2050年的净零排放目标，在未来十年内每年减排7%
马绍尔群岛	2050年	提交联合国	马绍尔群岛在2018年9月提交给联合国的最新报告提出了到2050年实现碳净零排放的愿望
新西兰	2050年	法律规定	新西兰议会于2020年12月2日通过议案，宣布国家进入气候紧急状态，承诺实现以下目标：2025年公共部门将实现碳中和，2050年全国整体实现碳中和
挪威	2050年	政策宣示	挪威议会是世界上最早讨论气候碳中和问题的议会之一，其目标是：在2030年通过国际抵消实现碳中和，2050年在国内实现碳中和，但这个承诺只是挪威的政策意向，而不是一个有约束力的气候法
葡萄牙	2050年	政策宣示	葡萄牙政府承诺到2050年葡萄牙将实现碳中和的目标，葡萄牙于2018年12月发布了一份实现净零排放的路线图，概述了运输、能源、废弃物、森林、农业和战略
新加坡	21世纪后半叶	提交联合国	新加坡国务资政兼国家安全统筹部长于2020年2月28日在国会表示：新加坡的碳排放量将在2030年前后达到每年6500万公吨的顶峰水平，2050年将在此基础上减少一半，并将在21世纪下半叶，实现碳零排放

续表

国家	目标日期	承诺性质	具体说明
斯洛伐克	2050年	提交联合国	斯洛伐克是第一批正式向联合国提交长期战略的欧盟成员国之一，其目标是在2050年实现“碳中和”
南非	2050年	政策宣示	南非政府于2020年9月公布了低排放发展战略（LEDS），承诺到2050年实现碳净零排放的目标
韩国	2050年	政策宣示	韩国总统于2020年10月28日在国会发表演讲时宣布：韩国将在2050年前实现碳中和，能源供应将从煤炭转向可再生能源
西班牙	2050年	法律草案	西班牙政府于2020年5月向议会提交了气候框架法案草案，设立了一个委员会来监督碳排放进展情况，并立即禁止颁发新的煤炭、石油和天然气勘探许可证
瑞士	2050年	政策宣示	瑞士联邦委员会于2019年8月28日宣布，计划在2050年前实现碳净零排放，这深化了《巴黎协定》规定的减排70%～85%的目标
乌拉圭	2030年	《巴黎协定》下的自主减排承诺	根据乌拉圭提交联合国公约的国家报告，预计到2030年，该国将成为净碳汇国

二、国外碳中和主要制度

在保障实现碳中和目标的气候立法中，碳市场、碳技术、碳税及补贴等经济手段是各国通用制度。

1.碳市场

从碳交易市场发展历史来看，碳交易机制最早由联合国提出，当前基本上依照《京都议定书》所规定的框架来运作。

目前存在着四大碳市场机制，这为全球碳交易市场的发展奠定了制度基础，如图4-6所示。

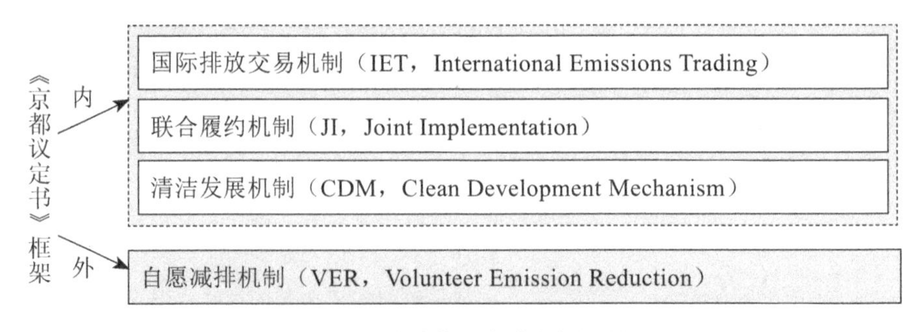

图4-6　当前的四大碳市场机制

从国别来看，英国的全国性碳交易立法值得研究；澳大利亚于2011年通过的《清洁能源法案》从碳税逐步过渡到国家性碳交易市场，设立了碳中和认证制度和碳排放信用机制，构建了比较完整的碳市场执法监管体系，为碳中和目标的实现奠定了制度基础。

2. 碳技术

联合国政府间气候变化专门委员会第五次评估报告指出，若无CCUS（Carbon Capture，Utilization and Storage，碳捕获、利用与封存）技术，绝大多数气候模式都不能实现减排目标。

具体来看，碳技术可分为碳捕获技术、碳利用技术、碳封存技术，如图4-7所示。

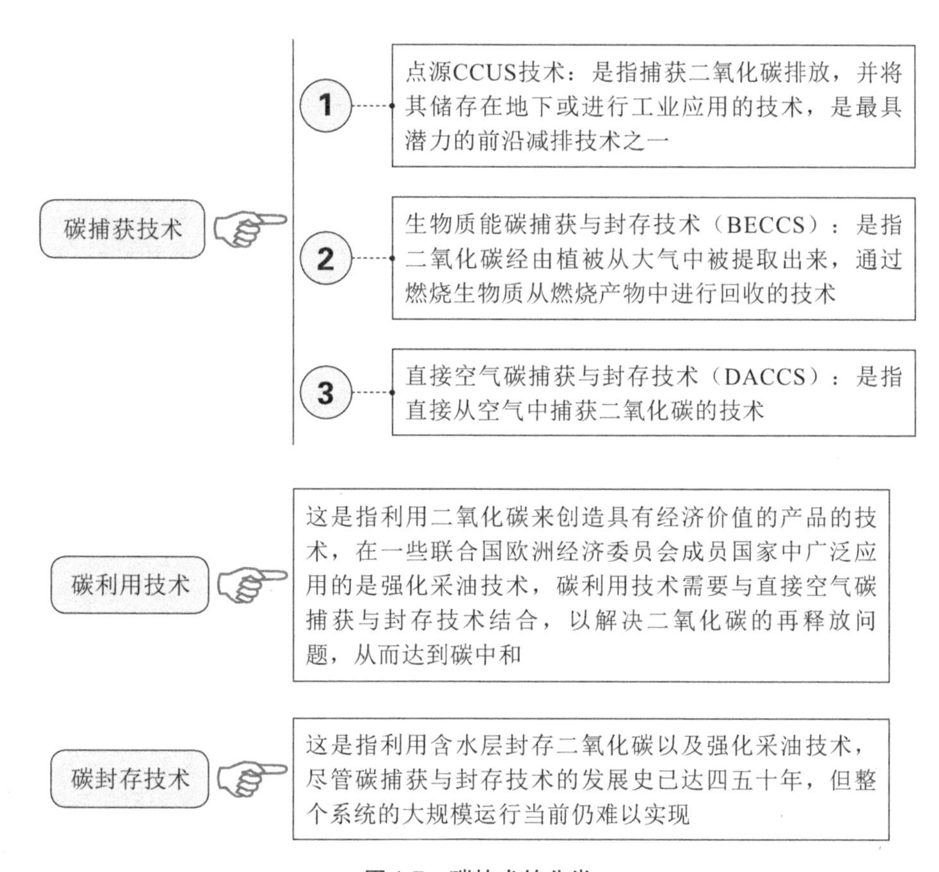

图4-7　碳技术的分类

3. 碳税

碳税可简单地理解为对二氧化碳排放所征收的税，即某一国出口的产品不能达到进口国在节能和碳减排方面所设定的标准，就将被征收特别关税。碳税通过对燃煤和石油下游的汽油、天然气、航空燃油等化石燃料产品，按其碳含量的比例征税来实现减少化石燃料消耗和二氧化碳排放。

整体来看，碳税制度在世界大多数国家的行动中有所体现，可概分为图4-8所示的5类实施路径。

1 芬兰有较为完备的单一碳税制度

2 澳大利亚和新西兰在碳税推进过程中遇到挫折，从而结束减排制度或转向碳交易市场

3 南非在单一碳税上进行了长时间探索，并有了一定的突破

4 由单一碳税模式转向“碳税+碳交易”的复合型模式

5 日本采取碳中和补助金制度，即日本政府出台折旧制度、补助金制度、会计制度等多项财税优惠措施，以更好地引导企业发展节能技术、使用节能设备

图4-8 碳税制度的实施路径

当前，碳税制度正成为发达国家有关碳中和目标的规则博弈。

以欧盟为主的国家正着力设计碳税制度，碳税机制或进入实施阶段。欧盟于2020年初签订《欧洲绿色协议》，协议提出要在欧盟区域内实施“碳关税”的新税收制度，欧洲议会于2021年3月通过了“碳边境调节机制”议案，该议案提出将从2023年起对欧盟进口的部分商品征收碳税。

英国首相鲍里斯·约翰逊建议利用七国集团主席这一角色来推动成员国之间协调征收碳边境税。美国则在考虑征收“碳边境税”或“边境调节税”。

三、国外碳中和实施的路径

为实现碳中和目标，一些国家制定了以产业政策为主的减排路线图。具体包括图4-9所示的5条路径。

1　发展清洁能源，降低煤电供应

2　减少工业碳排放，发展碳捕获碳储存技术

3　减少建筑物碳排放，打造绿色建筑

4　减少交通运输业碳排放，布局新能源交通工具

5　减轻农业生产碳排放，加强植树造林

图4-9　国外碳中和实施路径

1.发展清洁能源，降低煤电供应

根据国际能源署（IEA）的测算，从1990年至2019年，包括煤、石油、天然气在内的传统化石能源在全球能源供给中占比约80%，清洁能源的占比很小。而推动能源供给侧的全面脱碳是实现碳中和目标的关键，因此，各国从能源供给端着手来实现碳中和，主要有图4-10所示的两个途径。

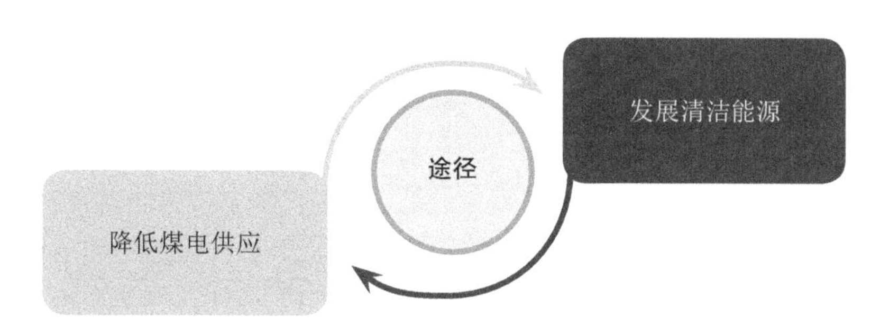

图4-10　从能源供给端着手实现碳中和的途径

（1）降低煤电供应。从能源供给侧来看，55%的碳排放量来自电力行业，而电力行业80%的碳排放量来自燃煤发电。因此，为实现碳中和目标，全球已有多个国家采取了具体的措施来降低对煤炭的依赖。

比如，加拿大和英国于2017年共同成立了“弃用煤炭发电联盟”，目前已有32个国家和22个地区政府加入，联盟成员都承诺在未来的5～12年内彻底淘汰燃煤发电；瑞典已于2020年4月关闭了国内最后一座燃煤电厂；丹麦打算到2050年全面停止在北海的石油和天然气勘探及开采活动，作为能源转型方案的组成部分。

（2）发展清洁能源。由于清洁能源中的可再生能源具有图4-11所示的特点，清洁能源已成为各国应对气候变化的重要选择。

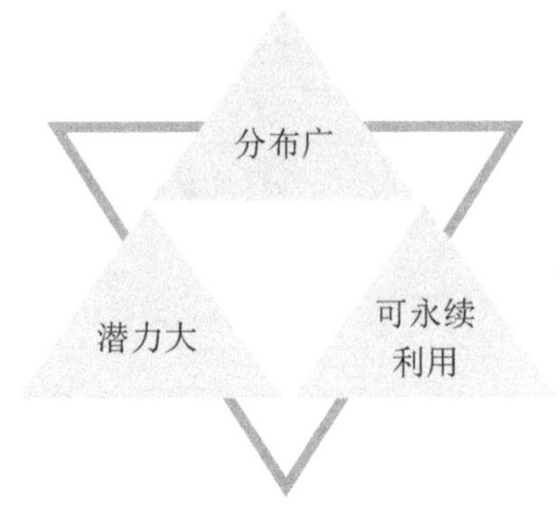

图4-11　清洁能源的特点

比如，美国于2009年颁布了《复苏与再投资法》，通过贷款优惠、税收抵免等方式，鼓励私人投资风力发电，到2019年，风能已经成为美国排名第一的可再生能源；德国是欧洲可再生能源发展规模最大的国家，其在2019年出台的《气候行动法》和《气候行动计划2030》中明确提出了将逐年提升可再生能源发电量占总用电量的比重，该比重将在2050年达到80%以上；欧盟则于2020年7月发布了氢能战略，这一战略将推进氢技术的开发；英国、丹麦也提出了发展氢能源战略，为交通、电力、工业和住宅供能。

2.减少工业碳排放，发展碳捕获碳储存技术

工业是能源消耗和二氧化碳排放的主要领域，2019年经济合作与发展组织（OECD）的成员国家的工业领域二氧化碳排放量占排放总量的29%，因此，为响应碳中和目标要求，工业领域开展节能减排减碳活动是大势所趋。

具体来说，各国工业领域碳中和实践可归纳为图4-12所示的两种方式。

方式一　**发展生物能源与碳捕获和储存技术（BECCS）**

BECCS是一种温室气体减排技术，运用于碳排放有关的行业，能够带来负碳排放，是未来减少温室气体排放、减缓全球变暖最可行的方法；英国于2018年启动欧洲第一个生物能源碳捕获和储存试点，但因技术成本高昂而未能获得广泛应用

方式二　**发展循环经济，提升材料利用率**

欧盟委员会为提升产品循环使用率，于2020年3月11日通过了新的《循环经济行动计划》，该计划涵盖了产品整个周期，特别是针对电子产品、电池和汽车、包装、塑料以及食品，该计划包括欧盟循环电子计划、新电池监管框架、包装和塑料新强制性要求以及减少一次性包装和餐具等内容，其目的是提升产品循环使用率

图4-12　工业碳中和实践的方式

3.减少建筑物碳排放，打造绿色建筑

建筑行业的碳排放水平对各国实现碳中和目标构成了挑战，绿色化改造建筑对于实现碳中和目标是一个有效的途径。

从世界范围来看，各国建筑行业大多采取“绿色建筑”这一节能减排概念，通过构建绿色建筑来最大限度地节约资源，减少碳排放。绿色建筑的推行方式有图4-13所示的4种。

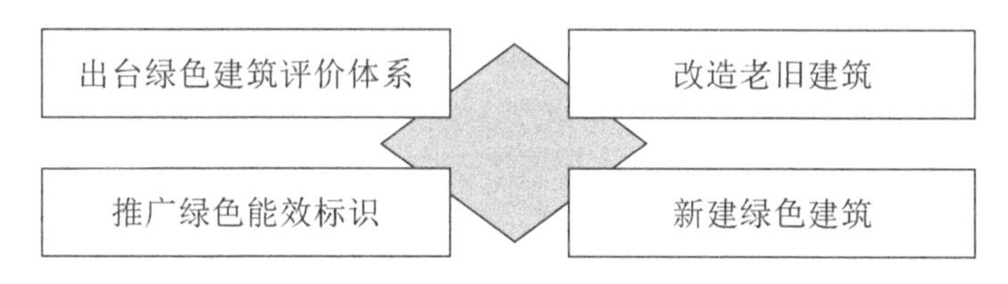

图4-13　绿色建筑的推行方式

（1）出台绿色建筑评价体系，推广绿色能效标识。绿色建筑评价体系和绿色能效标识是建筑设计者、制造者和使用者的重要节能减碳实施指引，有助于在建筑的全生命周期中最大限度地实现资源利用，保护生态环境。

在绿色建筑评价体系方面，各国也有不少尝试。

比如：英国建筑研究院于1990年创立了第一个绿色建筑评估方法BREEAM（Building Research Establishment Environmental Assessment Method）英国建筑研究院绿色建筑评估体系；美国绿色建筑协会（USGBC）于1998年在BREEAM基础上开发了LEED（Leadership in Energy and Environmental Design，能源与环境设计先锋）标准；新加坡建设局于2005年推出绿色建筑评估系统（Green Mark，绿色建筑标志），对不同建筑和节能标准进行规定；德国可持续建筑委员会与德国政府于2007年共同开发编制的第二代绿色建筑评价体系DGNB（Deutsche Gesellschaft für Nachhaltiges Bauen），涵盖了生态、经济、社会三大方面的因素。

在绿色能效标识方面，德国采用“建筑物能源合格证明”，美国采用“能源之星”来标记建筑和设备的能源效率及耗材等级。

（2）改造老旧建筑，新建绿色建筑。欧洲80%以上的建筑年限已超过20年，因此对老旧建筑应实行建筑节能。同时，对于新建筑更应考虑节能因素。

比如，欧盟委员会在2020年发布的“革新浪潮”倡议中提出，到2030年所有建筑实现近零能耗；法国设立翻新工程补助金，计划促进700万套高能耗住房转为低能耗建筑；英国推出“绿色账单”等计划，通过补贴、退税等形式促进老旧建筑减排设施的装配，而对新建绿色建筑则采取“前置式管理”，即建筑在设计之初就综合考虑节能因素，按标准递交能耗分析报告。

4.减少交通运输业碳排放，布局新能源交通工具

交通运输领域碳排放非常复杂，而且该领域产生的碳排放量非常大，因而，交通运输已成为实现碳中和目标的重要关注领域之一。目前，发达国家在建筑等领域的碳排放量已有所下降，但交通运输领域却没有太大的改善，因此，减少交通运输业碳排放量、布局新能源交通工具已经提上了各国碳中和的日程。

各国交运行业为实现碳中和已有不少尝试，主要有图4-14所示的3种方式。

图4-14　交通运输行业实现碳中和的方式

（1）调整运输结构。在调整运输结构方面，各国积极推广碳中和交通工具——新能源汽车，对此多国采取如图4-15所示的策略，从正反两方面来促进新能源汽车的推广。

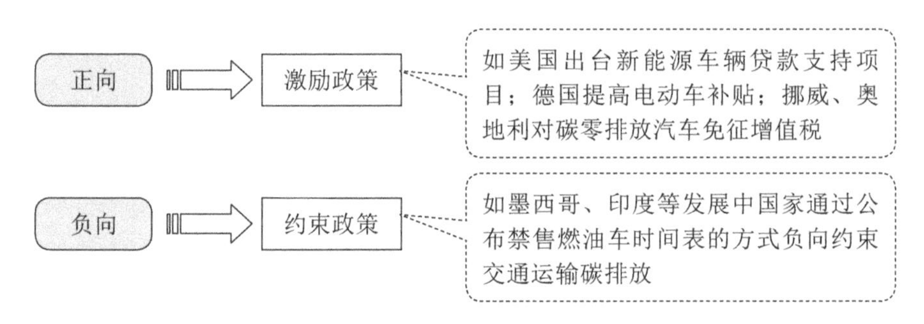

图4-15　调整运输结构的策略

（2）发展交通运输系统数字化。数字技术可以升级交通、优化运输模式，从而降低能耗、节约成本。在发展交通运输系统数字化方面，我们可通过数字技术建立统一票务系统或者部署交通系统，如图4-16所示。

图4-16　发展交通运输系统数字化

比如，欧盟共建了全球首个货运无人机网络和机场，从而降低了碳排放量，节省了运输时间和成本；欧盟还计划大力投资140个关键运输项目，并计划通过“连接欧洲设施

基金”向140个关键运输项目进行大力投资。

（3）乘用车碳排放量限制。在限制乘用车碳排放量方面，欧盟已出台了严格的碳排放法规，明确下调欧盟成员国境内新销售乘用车的平均碳排放量上限，碳排放量超过上限就处以罚款。

资讯平台

2017年11月，欧盟委员会宣布温室气体排放标准升级：欧盟境内新车每公里碳排放量必须在2025年降低15%，在2030年之前降低30%。

2018年12月18日，欧盟委员会又将2030年的碳排放量减排目标从30%提高到了37.5%。

2021年平均碳排放量绩效目标不变：2021年乘用车的平均每公里排放量不得高于95克，而轻型商用车不得高于147克。如果新车测试无法达标，每公里超出排放限额1g的排放量就意味着处以95欧元的罚款。

以上两个目标从2020年开始（部分）执行。

5.减轻农业生产碳排放，加强植树造林

农业、林业领域是值得关注的碳排放源。目前，农业生产的碳排放量占全球人为总排放量的19%，发展低碳农业和林业也是实现碳中和目标的关键路径。

当前，各国农业碳中和的主要途径有图4-17所示的两种方式。

方式一　**加强自然碳汇，恢复植被**

这一方式即通过增强二氧化碳等温室气体的吸收能力来完成增汇，如英国通过发布“25年环境计划”和“林地创造资助计划”提出了关于增加林地面积的具体规划；新西兰、阿根廷以法律形式提出增加本国碳汇和碳封存能力的目标；墨西哥以国家战略明确了2030年前实现森林零砍伐率的目标；秘鲁等南美国家签署的灾害反应网络协议要求增强雨林卫星监测以做好重新造林、禁止砍伐等工作

方式二　**减少农产品浪费，提高粮食安全**

如欧盟发布了《生物多样性战略》和《农场到餐桌战略》，将大自然、农民、企业和消费者有机联系在一起；而芬兰拟结合农场到餐桌战略，制定了本国的节约粮食路线图，以减少粮食浪费和提高粮食安全及可持续性

图4-17　农业碳中和的主要途径

小提示

虽然各国在农林业碳中和方面已经付诸巨大努力，但谨慎观察可以发现，绝大部分国家在农业、废物处理领域的低碳化技术还处于发展初期，它对达成碳中和目标的有效性和可行性尚有待验证。

四、国外低碳发展的经验

美国、英国、德国、法国、日本等主要发达国家制定了低碳发展战略，在图4-18所示的方面进行了积极的探索，积累了丰富的经验。

重视碳交易市场建设
提高公众意识
促进温室气体减排
控制温室效应
能源转型

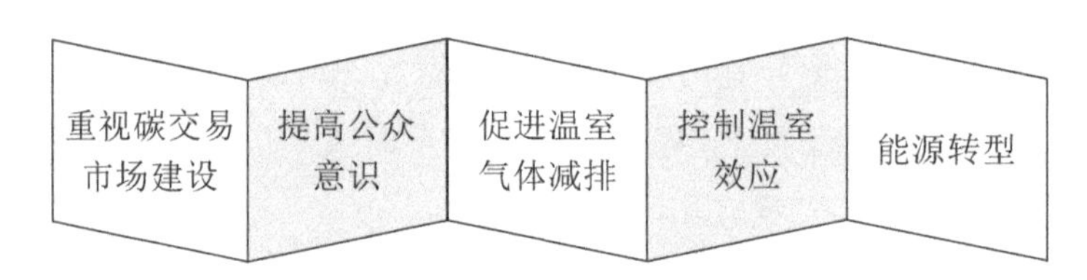

图4-18　国外低碳发展的经验

1.重视碳交易市场建设

碳交易市场是实现低碳发展的主要工具。欧盟碳排放交易体系（EUETS）是全球最先进的碳交易体系，现已进入第三阶段。欧盟重视碳交易市场建设，已经获得了直观的利益，如图4-19所示。

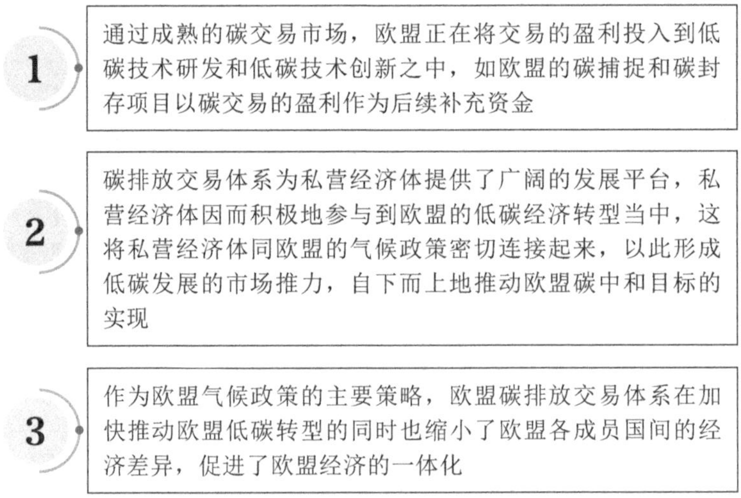

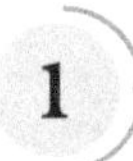

1
通过成熟的碳交易市场，欧盟正在将交易的盈利投入到低碳技术研发和低碳技术创新之中，如欧盟的碳捕捉和碳封存项目以碳交易的盈利作为后续补充资金
2
碳排放交易体系为私营经济体提供了广阔的发展平台，私营经济体因而积极地参与到欧盟的低碳经济转型当中，这将私营经济体同欧盟的气候政策密切连接起来，以此形成低碳发展的市场推力，自下而上地推动欧盟碳中和目标的实现
3
作为欧盟气候政策的主要策略，欧盟碳排放交易体系在加快推动欧盟低碳转型的同时也缩小了欧盟各成员国间的经济差异，促进了欧盟经济的一体化

图4-19　重视碳市场建设的利益

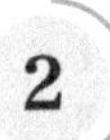

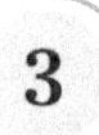

2.提高公众意识

欧盟的低碳发展体系若被视为一个系统，则其气候政策、高度认可的低碳文化和碳排放交易市场是这个系统的三个关键要素。这三个要素间相互依存、相互制约，共同推动着欧盟整体的低碳发展，如图4-20所示。

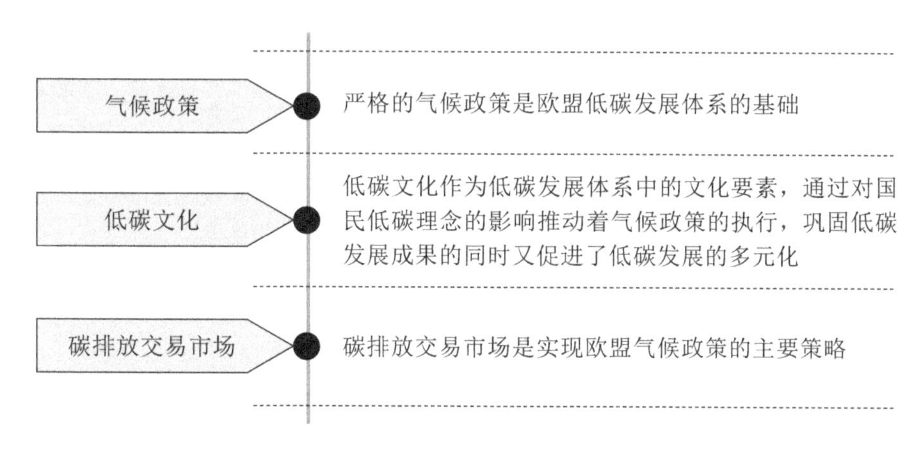

图4-20　欧盟低碳发展体系三要素的关系

重视低碳文化使欧盟的低碳发展体系从“生产”领域扩展到了“消费”领域。

3.促进温室气体减排

（1）通过立法促进温室气体减排。英国于2008年通过了《气候变化法案》，以法律形式明确了中长期碳减排目标。随后，气候委员会为英国设定了具体的低碳发展路线图，如图4-21所示。

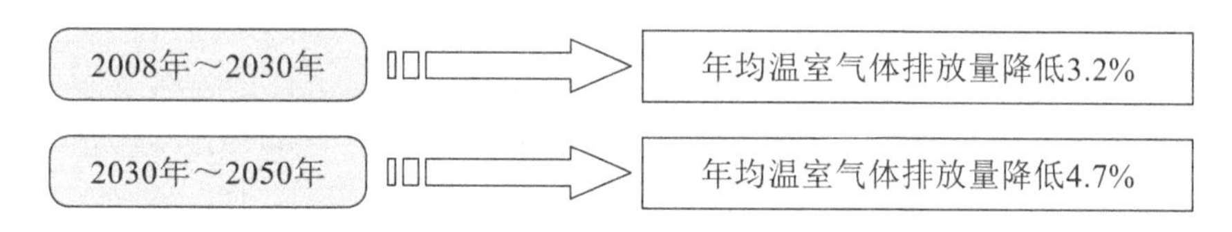

图4-21　气候委员会为英国设定的低碳发展路线图

（2）确定低碳发展的核心。英国将低碳电力确定为低碳发展的核心。从2008年到2030年，电力行业的碳排放强度从超过500克二氧化碳/千瓦·时降低到50克二氧化碳/千瓦·时。

（3）运用限制和激励两种手段促进温室气体减排。英国重视综合运用限制和激励两种手段来促进温室气体减排。一方面，英国政府采取各种措施限制高能耗、高排放和高污染的企业发展；另一方面，英国政府制定一系列税收优惠、减排援助基金等激励措施，引导各个领域的企业主动减少温室气体排放量，具体如图4-22所示。

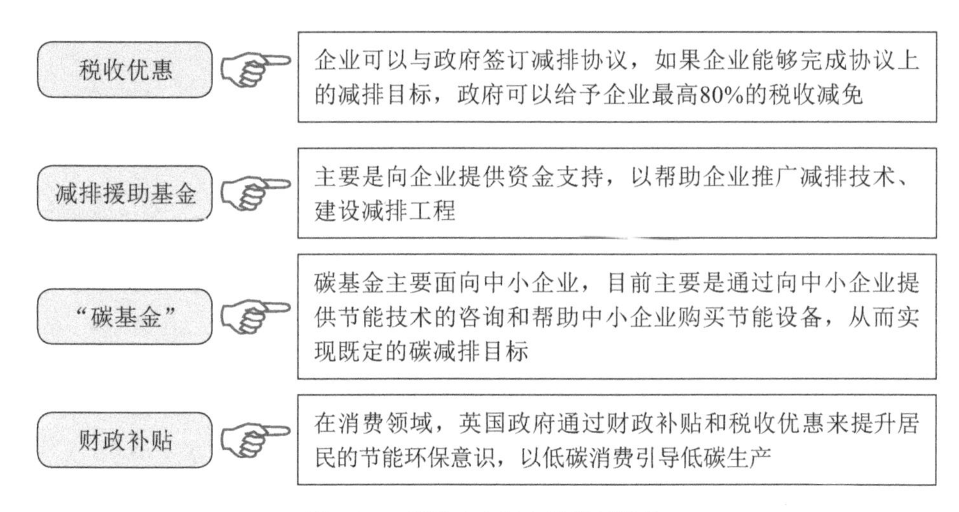

图4-22　英国政府制定的激励措施

4.控制温室效应

法国于2000年颁布《控制温室效应国家计划》，明确了以下的减排措施选取和制定原则。

（1）确保已制定的碳减排措施得到有效落实。

（2）利用经济手段来调节和降低温室气体排放量。

该计划提出了如图4-23所示的不同的减排措施，并明确了措施的适用范围。

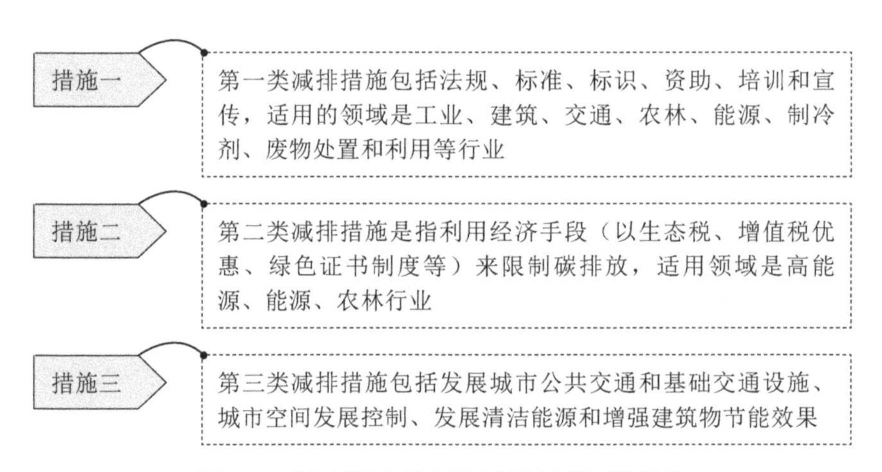

图4-23　《控制温室效应国家计划》的减排措施

5.能源转型

1987年，德国政府成立了大气层预防性保护委员会，这是首个应对气候变化的机构。德国积极发展可再生能源和清洁能源，并于2010年9月和2011年8月分别提出了“能源概念”和“加速能源转型决定”，从而形成了完整的“能源转型战略”和路线图。

05

第五章 国内碳中和管理政策

碳达峰、碳中和是我国“十四五”的重点工作之一。我国从中央到地方已经开始紧锣密鼓地出台相应的政策，对这一工作制定了目标与具体的实施规划。

一、纳入生态文明建设体系

2021年3月15日，中央财经委员会第九次会议提出把碳达峰、碳中和纳入生态文明建设整体布局。生态文明建设的核心任务就是以生态文明思想和“十四五”规划目标及其实施纲要为统领，扎实推进国家环境治理体系与治理能力的现代化。这是关系中华民族永续发展的根本大计，碳达峰、碳中和被纳入生态文明建设的整体布局，彰显了我国积极地履行气候承诺，落实碳达峰、碳中和目标的坚定决心。

实现碳达峰、碳中和必是一场深刻且广泛的经济社会系统性变革。因为，碳达峰并不等同于“冲高峰”，在这一过程中，生产方式、生活方式、生态环境保护相应地都将出现前所未有的调整和转变，降碳则是实现社会经济绿色低碳发展和生态环境源头治理的关键。

二、已出台的相关法规政策

迄今为止，我国还没有保障碳达峰目标和碳中和愿景实现的专门立法，但是有一定的碳中和法治实践基础。

1. 中央层面

于2020年10月29日召开的中国共产党十九届五中全会通过了《中共中央关于制定国民经济和社会发展第十四个五年规划和二〇三五年远景目标的建议》，提出了以下目标：“到2035年，广泛形成绿色生产生活方式，碳排放达峰后稳中有降，生态环境根本好转，美丽中国建设目标基本实现。”“十四五”期间，我国加快推动绿色低碳发展的具体要求如图5-1所示。

1 强化国土空间规划和用途管控，落实生态保护、基本农田、城镇开发等空间管控边界，减少人类活动对自然空间的占用

2 强化绿色发展的法律和政策保障，发展绿色金融，支持绿色技术创新，推进清洁生产，发展环保产业，推进重点行业和重要领域绿色化改造

3 推动能源清洁、低碳、安全、高效利用

4 发展绿色建筑

5 开展绿色生活创建活动

6 降低碳排放强度，支持有条件的地方率先达到碳排放峰值，制定2030年前碳排放达峰行动方案

图5-1　加快推动绿色低碳发展的具体要求

2020年12月16日至18日召开的中央经济工作会议将做好碳达峰、碳中和工作列为2021年八大重点任务之一，会议要求抓紧制定2030年前碳排放达峰行动方案，支持有条件的地方率先达峰。会议提出图5-2所示的要求。

1 要加快调整优化产业结构、能源结构，推动煤炭消费尽早达峰，大力发展新能源，加快建设全国用能权、碳排放权交易市场，完善能源消费双控制度

2 要继续打好污染防治攻坚战，实现减污降碳协同效应

3 要开展大规模国土绿化行动，提升生态系统碳汇能力

图5-2　2020年12月中央经济工作会议要求

2.部委层面

（1）生态环境部。

① 生态环境部出台了一系列全国碳排放权交易管理政策。

● 生态环境部办公厅于2020年12月30日正式发布《关于印发〈2019～2020年全国碳排放权交易配额总量设定与分配实施方案（发电行业）〉（以下简称〈分配方案〉）〈纳

入2019～2020年全国碳排放权交易配额管理的重点排放单位名单〉并做好发电行业配额预分配工作的通知》。

《分配方案》在“十三五”规划收官之际出台，可以说是吹响了全国碳市场最后冲刺的号角。这一通知同时要求各省级生态环境主管部门按照要求于2021年1月29日前提交发电行业重点排放单位配额预分配相关数据表。这些信号彰显了主管部门贯彻落实中央经济工作会议部署做好碳达峰、碳中和工作的决心。目前看来，全国碳排放权交易市场有望在2022年进入实质性运行阶段。

● 生态环境部于2021年1月5日发布了《碳排放权交易管理办法（试行）》（以下简称《管理办法》），该办法已于2021年2月1日起开始实施。《管理办法》进一步加强了对温室气体排放的控制和管理，为加快推进全国碳交易市场建设提供了更加有力的法律保障。

● 生态环境部于2021年1月9日印发了《关于统筹和加强应对气候变化与生态环境保护相关工作的指导意见》（以下简称《指导意见》）。《指导意见》有助于加快推进应对气候变化与生态环境保护相关职能协同、工作协同和机制协同，有助于加强源头治理、系统治理、整体治理，以更大力度推进应对气候变化工作，实现减污降碳协同效应，为实现碳达峰目标与碳中和愿景提供了支撑保障。

《指导意见》从图5-3所示的5个领域，建立健全统筹融合、协同高效的工作体系，推进应对气候变化与生态环境保护相关工作统一谋划、统一布置、统一实施、统一检查。

图5-3 《指导意见》涉及的领域

② 确立实施碳达峰方案为2021年重点任务。生态环境部于2021年1月21日在北京召开全国生态环境保护工作会议，会议总结了2020年和“十三五”生态环境保护工作，分析了当前生态环境保护面临的形势，谋划了“十四五”工作，对2021年的重点工作——建立实施碳达峰方案进行了安排部署。会议确定，编制实施2030年前碳排放达峰行动方案是2021年要抓好的八大重点任务之一。具体部署如图5-4所示。

加快建立支撑实现国家自主贡献的项目库，加快推进全国碳排放权交易市场建设，深化低碳省市试点，强化地方应对气候变化能力建设，研究编制《国家适应气候变化战略2035》

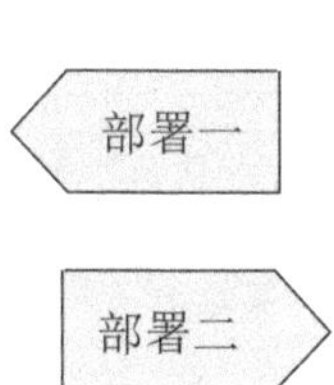

推动《联合国气候变化框架公约》第二十六次缔约方大会取得积极成果，扎实推进气候变化南南合作

图5-4 编制实施2030年前碳排放达峰行动方案的部署

（2）国家发展和改革委员会。国家发展和改革委员会于2021年1月19日举行了1月份新闻发布会，表示国家发展改革委员会将坚决贯彻落实党中央、国务院的决策部署，抓紧研究出台相关政策措施，积极推动经济绿色低碳转型和可持续发展。对此，国家发改委围绕实现碳达峰、碳中和的中长期目标，制定了相关保障措施，具体如图5-5所示。

大力调整能源结构	（1）推进能源体系清洁低碳发展，稳步推进水电发展，安全发展核电，加快光伏和风电发展，加快构建适应高比例可再生能源发展的新型电力系统 （2）完善清洁能源消纳长效机制，推动低碳能源替代高碳能源、可再生能源替代化石能源 （3）推动能源数字化和智能化发展，加快提升能源产业链智能化水平
加快推动产业结构转型	（1）大力淘汰落后产能、化解过剩产能、优化存量产能，严格控制高耗能行业新增产能，推动钢铁、石化、化工等传统高耗能行业转型升级 （2）积极发展战略性新兴产业，加快推动现代服务业、高新技术产业和先进制造业发展
着力提升能源利用效率	（1）完善能源消费双控制度，严格控制能耗强度，合理控制能源消费总量 （2）建立健全用能预算等管理制度，推动能源资源高效配置、高效利用 （3）继续深入推进工业、建筑、交通、公共机构等重点领域节能，着力提升新基建能效水平
加速低碳技术研发推广	（1）坚持以市场为导向，大力度推进节能低碳技术研发推广应用 （2）加快推进规模化储能、氢能、碳捕集利用与封存等技术发展 （3）推动数字化信息化技术在节能、清洁能源领域的创新融合
健全低碳发展体制机制	（1）加快完善有利于绿色低碳发展的价格、财税、金融等经济政策 （2）推动合同能源管理、污染第三方治理、环境托管等服务模式创新发展
努力增加生态碳汇	（1）加强森林资源培育，开展国土绿化行动，不断增加森林面积和蓄积量 （2）加强生态保护修复，增强草原、绿地、湖泊、湿地等自然生态系统固碳能力

图5-5 国家发改委围绕碳达峰碳中和目标工作部署

（3）财政部。财政部也在积极支持应对气候变化。2020年12月31日召开的全国财政工作会议对应对气候变化相关工作做出了具体部署，如图5-6所示。

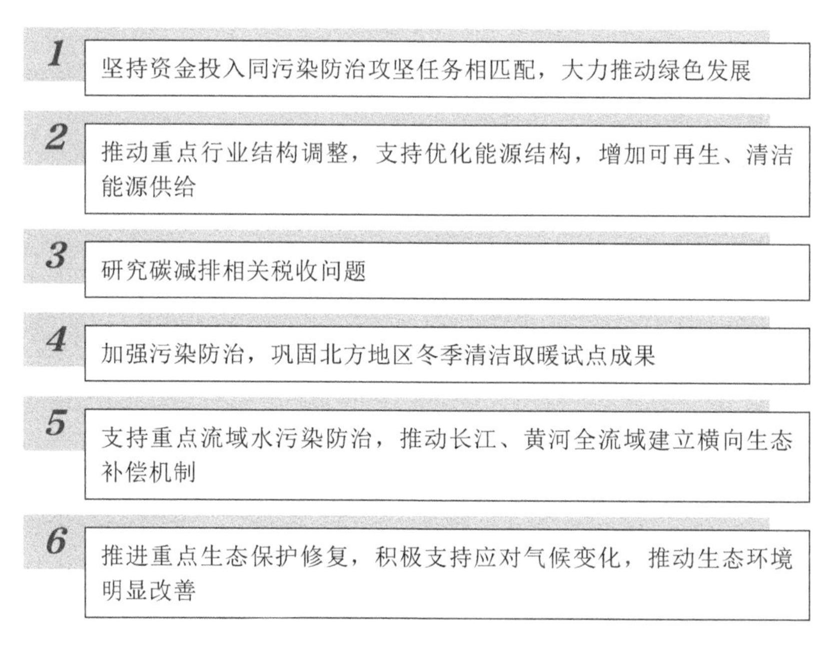

图5-6 财政部应对气候变化相关工作部署

（4）工业和信息化部。2021年1月26日，工业和信息化部在国务院新闻办召开的新闻发布会上表示，落实我国碳达峰、碳中和目标任务的重要举措之一是钢铁压减产量。工业和信息化部与发展改革委等相关部门正在研究制定新的产能置换办法和项目备案的指导意见，以期逐步建立以碳排放、污染物排放、能耗总量为依据的存量约束机制，实施工业低碳行动和绿色制造工程，确保2021年全面实现钢铁产量的同比下降。

（5）国家能源局。国务院新闻办公室于2020年12月21日发布《新时代的中国能源发展》白皮书并举行发布会，将继续致力于推动能源绿色低碳转型，具体部署如图5-7所示。

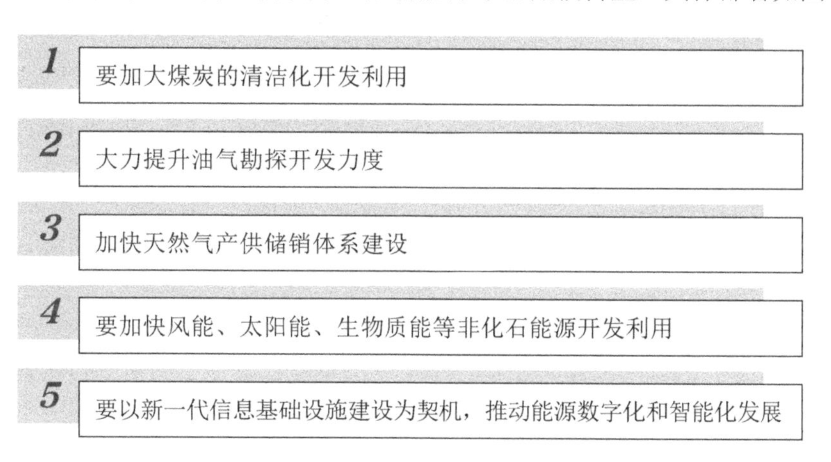

图5-7 国家能源局推动能源绿色低碳转型工作部署

（6）中国人民银行。2021年1月4日，中国人民银行工作会议部署了2021年十大工作，明确表示“落实碳达峰、碳中和”是仅次于货币、信贷政策的第三大工作，具体部署如图5-8所示。

要求做好政策设计和规划，引导金融资源向绿色发展领域倾斜，增强金融体系管理气候变化相关风险的能力，推动建设碳排放交易市场为排碳合理定价

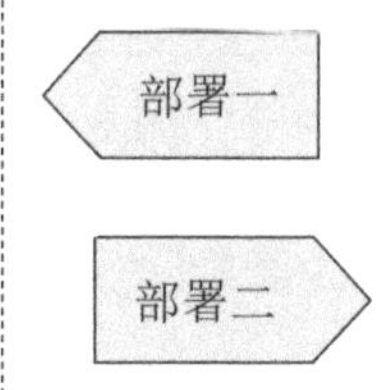

逐步健全绿色金融标准体系，明确金融机构监管和信息披露要求，建立政策激励约束体系，完善绿色金融产品和市场体系，持续推进绿色金融国际合作

图5-8　中国人民银行落实碳达峰碳中和重大决策部署

3.地方层面

据不完全统计数据显示，截至2021年2月，已经有80多个低碳试点城市提出达峰目标，其中提出了碳在2025年前达峰的有42个城市。

在省级层面，上海、福建、青海、海南等地提出在全国碳达峰之前率先达峰，上海、天津、湖北、福建、山东、山西、河北、河南、安徽、江西、江苏、辽宁、海南、甘肃、陕西、四川、西藏共17个省、直辖市、自治区提出2021年将研究、制定实施二氧化碳排放达峰行动方案。

相关链接

各地2021年政府工作报告对实现碳达峰的详细部署

序号	省市	落实碳达峰碳中和行动方案
1	北京	（1）北京生态文明“十四五”时期要有明显提升，碳排放稳中有降，碳中和迈出坚实步伐，为应对气候变化在全国范围内做出示范 （2）要加强细颗粒物、臭氧、温室气体协同控制，突出碳排放强度和总量“双控”，明确碳中和时间表、路线图 （3）推进能源结构调整和交通、建筑等重点领域节能 （4）严格落实全域全过程扬尘管控 （5）实施节水行动方案，全市污水处理率达到95.8% （6）加强土地资源环境管理，新增造林绿化15万亩
2	天津	（1）制定实施碳排放达峰行动方案，推动钢铁等重点行业率先达峰和煤炭消费尽早达峰 （2）完善能源消费双控制度，协同推进减污降碳 （3）实施工业污染排放双控，推动工业绿色转型

续表

序号	省市	落实碳达峰碳中和行动方案
3	上海	（1）制订全市碳排放达峰行动计划，着力推动电力、钢铁、化工等重点领域和重点用能单位节能降碳，确保在2025年前实现碳排放达峰 （2）加快产业结构优化升级，深化能源清洁高效利用，进一步提高生态系统碳汇能力 （3）积极推进全国碳排放权交易市场建设，推动经济社会发展全面绿色转型
4	内蒙古	（1）加强生态文明建设，全面推行绿色低碳生产生活方式，构筑祖国北疆万里绿色长城 （2）加快生态建设，坚持保护优先、恢复为主，统筹推进山水林田湖草综合整治工程，持续打好污染防治攻坚战 （3）深入创建国家级森林城市，探索实施“林长制” （4）稳步推进“四个一”工程建设，加强燃煤锅炉、机动车污染管控，确保大气环境质量PM2.5年均值稳定达到国家二级标准，优良天数比例达到90%以上
5	新疆	（1）深入实施可持续发展战略，健全生态环境保护机制，严禁“三高”项目进新疆，落实最严格的生态保护制度 （2）立足新疆能源实际，积极谋划和推动碳达峰、碳中和工作，推动绿色低碳发展 （3）加强生态环境建设，统筹开展治沙治水和森林草原保护 （4）持续开展大气、水污染防治和土壤污染风险管控，实现减污降碳协同效应
6	河北	（1）结合生态环境部工作安排，抓紧谋划制定河北省二氧化碳排放达峰行动方案 （2）积极推动河北省碳达峰、碳中和战略研究，持续打好污染防治攻坚战，努力实现减污降碳协同效应 （3）把降碳作为推动河北省经济结构、能源结构、产业结构低碳转型的总抓手，实实在在推动绿色低碳发展
7	山西	（1）把开展碳达峰作为深化能源革命综合改革试点的牵引举措，研究制定行动方案 （2）推动煤矿绿色智能开采，推动煤炭分质分级梯级利用，抓好煤炭消费减量等量替代 （3）建立电力现货市场交易体系，完善战略性新兴产业电价机制 （4）加快开发利用新能源，开展能源互联网建设试点 （5）探索用能权、碳排放交易市场建设
8	辽宁	（1）科学编制并实施碳排放达峰行动方案 （2）大力发展风电、光伏等可再生能源，支持氢能规模化应用和装备发展 （3）建设碳交易市场，推进碳排放权市场化交易
9	吉林	（1）启动二氧化碳排放达峰行动，加强重点行业和重要领域绿色化改造 （2）全面构建绿色能源、绿色制造体系，建设绿色工厂、绿色工业园区，加快煤改气、煤改电、煤改生物质，促进生产生活方式绿色转型；支持白城建设碳中和示范园区 （3）深入推进重点行业清洁生产审核，挖掘企业节能减排潜力，从源头减

续表

序号	省市	落实碳达峰碳中和行动方案
9	吉林	少污染排放，发展壮大环保产业；支持乾安等县市建设清洁能源经济示范区 （4）创建一批国家生态文明建设示范市县和“绿水青山就是金山银山”实践创新基地
10	黑龙江	落实城市更新行动，统筹城市规划、生态建设、建设管理，打造“一城山水半城林”的秀美城市新印象
11	江苏	（1）大力发展绿色产业，加快推动能源革命，促进生产生活方式绿色低碳转型，力争提前实现碳达峰 （2）制定实施二氧化碳排放达峰及“十四五”行动方案 （3）加快产业结构、能源结构、运输结构和农业投入结构调整 （4）扎实推进清洁生产，发展壮大绿色产业，加强节能改造管理 （5）完善能源消费双控制度，提升生态系统碳汇能力 （6）严格控制新上高耗能、高排放项目，加快形成绿色生产生活方式，促进绿色低碳循环发展
12	浙江	（1）启动实施碳达峰行动，开展低碳工业园区建设和“零碳”体系试点 （2）优化电力、天然气价格市场化机制 （3）大力调整能源结构、产业结构、运输结构，非化石能源占一次能源比重提高到20.8%，煤电装机占比下降2% （4）加快淘汰落后和过剩产能，腾出用能空间180万吨标煤 （5）加快推进碳排放权交易试点
13	安徽	（1）制定实施碳排放达峰行动方案 （2）严控高耗能产业规模和项目数量 （3）推进“外电入皖”，全年受进区外电260亿千瓦时以上 （4）推广应用节能新技术、新设备，完成电能替代60亿千瓦时 （5）推进绿色储能基地建设 （6）建设天然气主干管道160公里，天然气消费量扩大到65亿立方米 （7）扩大光伏、风能、生物质能等可再生能源应用，新增可再生能源发电装机100万千瓦以上 （8）提升生态系统碳汇能力，完成造林140万亩
14	福建	（1）制定实施二氧化碳排放达峰行动方案，支持厦门、南平等地率先达峰，推进低碳城市、低碳园区、低碳社区试点 （2）强化区域流域水资源“双控” （3）加大批而未供和闲置土地处置力度，推进城镇低效用地再开发 （4）深化“电动福建”建设 （5）实施工程建设项目“绿色施工”行动，坚决打击盗采河沙、海沙行为 （6）大力倡导光盘行动，革除滥食野生动物等陋习，有序推进县城生活垃圾分类，推广使用降解塑料包装 （7）积极创建节约型机关、绿色家庭、绿色学校
15	山东	（1）强化源头管控，加快优化能源结构、产业结构、交通运输结构、农业投入结构 （2）完善高耗能行业差别化政策，实施煤炭消费总量控制，推进清洁能源倍增行动，积极推进能源生产和消费革命

续表

序号	省市	落实碳达峰碳中和行动方案
15	山东	（3）发展绿色金融，支持绿色技术创新，大力推进清洁生产和生态工业园区建设，发展壮大环保产业，推进重点行业和领域绿色化改造 （4）推广“无废城市”建设，实现市域垃圾分类处置全覆盖 （5）开展绿色生活创建活动，推动形成简约适度、绿色低碳的生活方式 （6）降低碳排放强度，制定碳排放达峰行动方案
16	河南	（1）制定碳排放达峰行动方案，探索用能预算管理和区域能评，完善能源消费双控制度，建立健全用能权、碳排放权等初始分配和市场化交易机制 （2）推动以煤为主的能源体系加快转型，积极发展可再生能源等新兴能源产业，谋划推进外电入豫第三通道 （3）推动重点行业清洁生产和绿色化改造，推广使用环保节能装备和产品，实施铁路专用线进企入园工程，开展多领域低碳试点创建，提升绿色发展水平
17	湖北	（1）研究制定我省碳达峰方案，开展近零碳排放示范区建设 （2）加快建设全国碳排放权注册登记结算系统 （3）大力发展循环经济、低碳经济，培育壮大节能环保、清洁能源产业 （4）推进绿色建筑、绿色工厂、绿色产品、绿色园区、绿色供应链建设 （5）加强先进适用绿色技术和装备研发制造、产业化及示范应用 （6）推行垃圾分类和减量化、资源化利用 （7）深化县域节水型社会达标创建 （8）探索生态产品价值实现机制
18	湖南	（1）发展环境治理和绿色制造产业，推进钢铁、建材、电镀、石化、造纸等重点行业绿色转型，大力发展装配式建筑、绿色建筑 （2）支持探索零碳示范创建 （3）全面建立资源节约集约循环利用制度，实行能源和水资源消耗、建设用地等总量和强度双控，开展工业固废资源综合利用示范创建，加强畜禽养殖废弃物无害化处理、资源化利用，加快生活垃圾焚烧发电等终端设施建设 （4）抓好矿业转型和绿色矿山、绿色园区、绿色交通建设 （5）倡导绿色生活方式
19	广东	（1）落实国家碳达峰、碳中和部署要求，分区域分行业推动碳排放达峰，深化碳交易试点 （2）加快调整优化能源结构，大力发展天然气、风能、太阳能、核能等清洁能源，提升天然气在一次能源中占比 （3）研究建立用能预算管理制度，严控新上高耗能项目 （4）制定更严格的环保、能耗标准，全面推进有色、建材、陶瓷、纺织印染、造纸等传统制造业绿色化低碳化改造 （5）培育壮大节能环保产业，推广应用节能低碳环保产品，全面推行绿色建筑
20	海南	（1）研究制定碳排放达峰行动方案 （2）清洁能源装机比重提升至70%，实现分布式电源发电量全额消纳；推广清洁能源汽车2.5万辆，启动建设世界新能源汽车体验中心 （3）推广装配式建造项目面积1700万平方米，促进部品部件生产能力与需求相匹配

续表

序号	省市	落实碳达峰碳中和行动方案
20	海南	（4）4个地级市垃圾分类试点提升实效，其他市县提前谋划 （5）扩大“禁塑”成果，实现替代品规范化和全流程可追溯 （6）推进热带雨林国家公园建设，完成核心保护区生态搬迁
21	四川	（1）推进国家清洁能源示范省建设，发展节能环保、风光水电清洁能源等绿色产业，建设绿色产业示范基地 （2）促进资源节约集约循环利用，实施产业园区绿色化、循环化改造，全面推进清洁生产，大力实施节水行动 （3）制定二氧化碳排放达峰行动方案，推动用能权、碳排放权交易 （4）持续推进能源消耗和总量强度“双控”，实施电能替代工程和重点节能工程 （5）倡导绿色生活方式，推行“光盘行动”，建设节约型社会，创建节约型机关
22	陕西	（1）加快实施“三线一单”生态环境分区管控，积极创建国家生态文明试验区 （2）开展碳达峰、碳中和研究，编制省级达峰行动方案 （3）积极推行清洁生产，大力发展节能环保产业，深入实施能源消耗总量和强度双控行动，推进碳排放权市场化交易 （4）倡导绿色生活方式，推广新能源汽车、绿色建材、节能家电、高效照明等产品，开展绿色家庭、绿色学校、绿色社区、绿色出行等创建活动
23	甘肃	（1）全面推行林长制 （2）编制我省碳排放达峰行动方案 （3）鼓励甘南开发碳汇项目，积极参与全国碳市场交易 （4）健全完善全省环境权益交易平台 （5）实施“三线一单”生态环境分区管控，对生态环境违法违规问题零容忍、严查处
24	重庆	（1）推动绿色低碳发展，健全生态文明制度体系 （2）构建绿色低碳产业体系 （3）开展二氧化碳排放达峰行动 （4）建设一批零碳示范园区 （5）培育碳排放权交易市场
25	江西	（1）制定碳达峰行动计划方案，协同推进减污降碳 （2）“十四五”期间，江西省将围绕2030年前二氧化碳排放达峰目标和2060年前实现碳中和的愿景，以“降碳”为抓手，协同推进应对气候变化与生态环境治理，促进经济社会发展绿色转型升级
26	贵州	（1）划定落实“三条控制线”，实施“三线一单”生态环境分区管控 （2）推进绿色经济倍增计划，创建绿色矿山、绿色工厂、绿色园区 （3）倡导绿色出行，公共领域新增或更新车辆新能源汽车比例不低于80%，加强充电桩建设 （4）实施资源有偿使用和生态补偿制度，推广环境污染强制责任保险制度，健全生态补偿机制 （5）推动排污权、碳排放权等市场化交易

续表

序号	省市	落实碳达峰碳中和行动方案
27	云南	（1）争取部省共建国家级绿色发展先行区 （2）持续推进森林云南建设和大规模国土绿化行动，全面推行林长制 （3）促进资源循环利用，为国家碳达峰、碳中和作贡献 （4）深入开展污染防治行动 （5）全面推进美丽城乡建设
28	青海	（1）率先建立以国家公园为主体的自然保护地体系 （2）推动生产生活方式绿色转型，大幅提高能源资源利用效率，主要污染物排放总量持续减少，主要城市空气优良天数比例达到90%左右 （3）完善生态文明制度体系，建立生态产品价值实现机制，优化国土空间开发保护格局，国家生态安全屏障更加巩固
29	广西	（1）加强生态文明建设，深入推进污染防治攻坚战，狠抓大气污染防治攻坚，推进漓江、南流江、九洲江、钦江等重点流域水环境综合治理，开展土壤污染综合防治 （2）开展自然灾害综合风险普查，提升全社会抵御自然灾害的综合防范能力 （3）统筹推进自然资源资产产权制度改革，促进自然资源集约开发利用和生态保护修复
30	西藏	（1）编制实施生态文明高地建设规划，研究制定碳达峰行动方案 （2）深入打好污染防治攻坚战 （3）深入实施重大生态工程，深化生态安全屏障保护与建设 （4）持续推进“两江四河”流域造林绿化、防沙治沙等重点工程 （5）加强重点流域水生态保护
31	宁夏	（1）完善区域联防联控机制，推进重点行业超低排放改造，加大老旧柴油货车淘汰，大幅减少重污染天气 （2）实行能源总量和强度“双控”，推广清洁生产和循环经济 （3）推进煤炭减量替代，加大新能源开发利用，实现减污降碳协同效应最大化

三、公布“碳排放管理员”新职业

人力资源社会保障部会同国家统计局、国家市场监督管理总局于2021 年3 月公布的18个新职业中就包含“碳排放管理员”这一职业。

1. 定义

碳排放管理员是指从事企事业单位二氧化碳等温室气体排放监测、统计核算、核查、交易和咨询等工作的人员。

2. 主要工作任务

碳排放管理员的主要工作任务如图5-9所示。

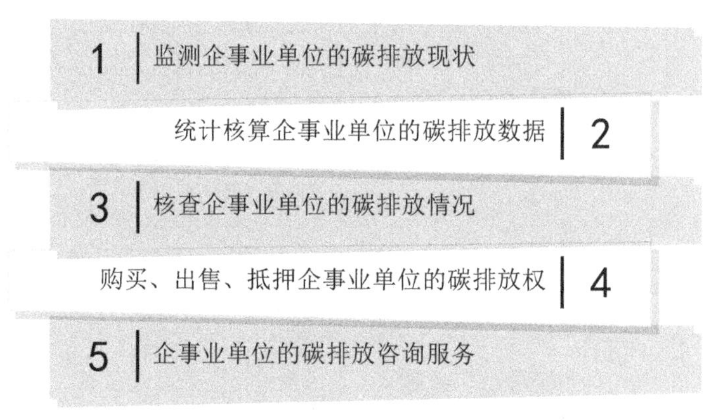

图5-9 碳排放管理员的主要工作任务

3. 工种

本职业包含但不限于下列工种：碳排放监测员、碳排放核查员、碳排放核算员、碳排放咨询员、碳排放交易员、民航碳排放管理员。

四、纳入2021年政府工作报告

聚焦全国两会，我们会发现“碳达峰、碳中和”稳居两会能源领域的“C位”话题。2021年的政府工作报告，不仅将扎实做好碳达峰、碳中和各项工作列入2021年重点任务，更要求各地各行各业制定好2030年前碳排放达峰行动方案，以加快实现“十四五”规划中推动绿色低碳发展的既定目标。2021 年政府工作报告对于做好碳达峰、碳中和各项工作提出的措施如下。

（1）制定2030年前碳排放达峰行动方案。

（2）优化产业结构和能源结构。

（3）推动煤炭清洁高效利用，大力发展新能源，在确保安全的前提下积极有序发展核电。

（4）扩大环境保护、节能节水等企业所得税优惠目录范围，促进新型节能环保技术、装备和产品研发应用，培育壮大节能环保产业。

（5）加快建设全国用能权、碳排放权交易市场，完善能源消费双控制度。

（6）实施金融支持绿色低碳发展专项政策，设立碳减排支持工具。

《“十四五”规划》节选

第三十八章　持续改善环境质量

第四节　积极应对气候变化

落实2030年应对气候变化国家自主贡献目标，制定2030年前碳排放达峰行动方案。完善能源消费总量和强度双控制度，重点控制化石能源消费。实施以碳强度控制为主、碳排放总量控制为辅的制度，支持有条件的地方和重点行业、重点企业率先达到碳排放峰值。推动能源清洁低碳安全高效利用，深入推进工业、建筑、交通等领域低碳转型。加大甲烷、氢氟碳化物、全氟化碳等其他温室气体控制力度。提升生态系统碳汇能力。锚定努力争取2060年前实现碳中和，采取更加有力的政策和措施。加强全球气候变暖对我国承受力脆弱地区影响的观测和评估，提升城乡建设、农业生产、基础设施适应气候变化能力。加强青藏高原综合科学考察研究。坚持公平、共同但有区别的责任及各自能力原则，建设性参与和引领应对气候变化国际合作，推动落实联合国气候变化框架公约及其巴黎协定，积极开展气候变化南南合作。

06

第六章 碳排放的现状和趋势

目前，我国已成为全球最大的能源消费国，也是全球最大的碳排放国。作为全世界最大的发展中国家与碳排放大国，我国在全球气候治理方面也肩负着史无前例的责任，也展现出了大国担当的勇气。

一、碳排放的主要领域

根据相关报告，2020年全国二氧化碳总排放量约为113.5亿吨，其中电力、工业、建筑、交通四部门二氧化碳排放占比分别为40.5%、37.6%、10.0%、9.9%。

从更加细分的行业来看，水泥、钢铁、化工是全球工业领域中排放量最高的三个行业，比重约为17.2%、16.7%、12.1%。而在我国，钢铁、水泥、化工对应的排放占排放总量的比重约为16.2%、15.7%、7%。如图6-1所示。

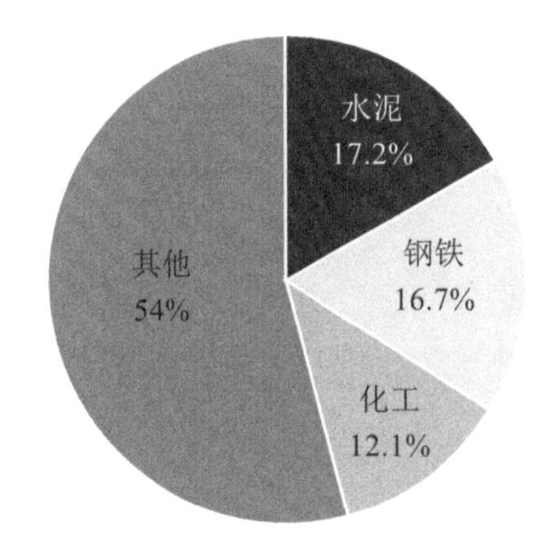

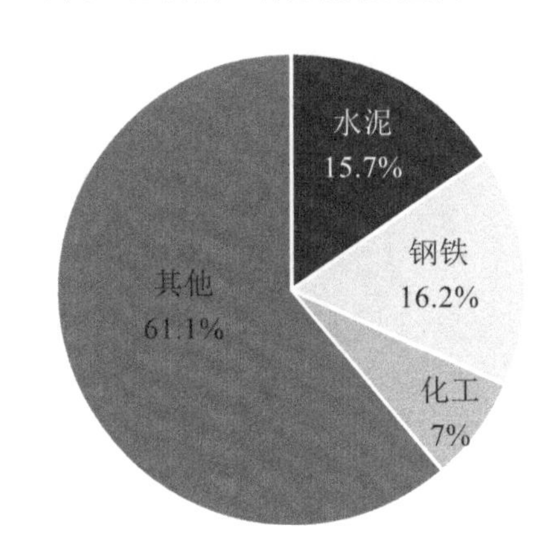

图6-1 二氧化碳排放量占比

我国排放的二氧化碳主要来自图6-2所示的两个方面。

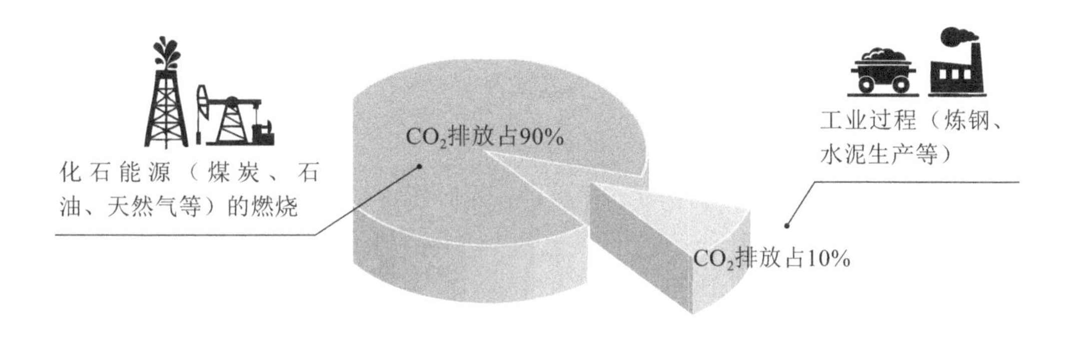

图6-2　我国二氧化碳排放来源

二、我国碳减排的成效

我国在碳减排方面是长期努力的，早在2015年我国政府就向联合国提交了《强化应对气候变化行动——中国国家自主贡献》，提出了我国的国家自主贡献目标。经过坚持不懈的努力，我国在碳减排方面已经取得了巨大的进步。

截至2020年底，中国碳强度较2005年降低了约48.4%，非化石能源占一次能源消费比重已达15.9%，大幅超额完成到2020年的气候行动目标。

1.碳减排技术上取得重大突破

从技术层面看，我国多项碳减排相关技术取得重大突破。

比如，过去10年间，我国可再生能源生产成本大幅下降，其中，光伏发电成本降低了90%，已低于煤炭发电成本。可再生能源产生的绿电已经具有与煤电竞争的能力。工业能效获得了大幅提升。我国的数字技术、信息技术发展迅速并得到了广泛应用，这加速了能源结构的调整。

2.碳减排体制机制不断完善

我国坚持绿色发展理念，大力推动生态文明建设，这些措施都和低碳减排方向一致。在经济政策方面，我国更加强调经济增长方式的转变。环境政策方面也取得了非常好的协同效应。

比如，为改善空气质量，我国不断调整产业、能源、运输、用地等四大结构，这些调整同样具有低碳减排的功能。

可以说，过去的五年，我国在低碳减排方面已经取得了天翻地覆的变化，这让我国站到了更高的起点上，能更有信心地实现更具雄心的目标。

三、碳中和的战略规划

为了实现能源革命的经济新增长，中国分两个阶段来制定碳中和战略规划，如表6-1所示。

表6-1 碳中和战略规划

	第一阶段（2020～2035年）	第二阶段（2035～2050年）
国际形势	中美战略博弈日趋紧张，和平和发展受到挑战	国际新秩序、新体系逐步形成
国家利益	培育形成绿色低碳、可持续发展的经济体系，维护和平发展的外部环境，做大“朋友圈”，团结广大发展中国家和认同中国发展道路的发达国家	建成高质量、低排放的现代化经济体系，最终实现中华民族的伟大复兴
战略定位	坚定不移贯彻创新、协调、绿色、开放、共享的发展理念，催生促进低排放发展的新技术、新产品、新模式、新业态和新经济，通过低排放发展战略的持续实施不断提高发展质量和效益，绿色低碳新动能和新产业成为经济发展的重要支撑和新引擎；百分之百承担与发展阶段和历史责任相称的应尽义务，将全球气候治理作为中国新型外交中的道义“王牌”	以绿色低碳、创新智慧为特征的新经济成为经济增长的主力，增加低碳供给和就业，提高碳生产率，实现全经济范围的温室气体减排，将引领全球低排放发展作为“共同构建人类命运共同体”的主要载体、发展路径创新的伟大实践
战略目标	在全面建成小康社会的基础上，再奋斗15年，基本实现社会主义现代化，生态环境根本好转，基本实现美丽中国的目标	把我国建成富强民主文明和谐美丽的社会主义现代化强国，生态文明得到全面提升

到21世纪中叶，我国要在努力实现社会主义现代化强国建设目标的同时，也要实现碳达峰碳中和的目标，对此，我国制定出了如图6-3所示的长期低碳发展战略与转型路径研究框架。

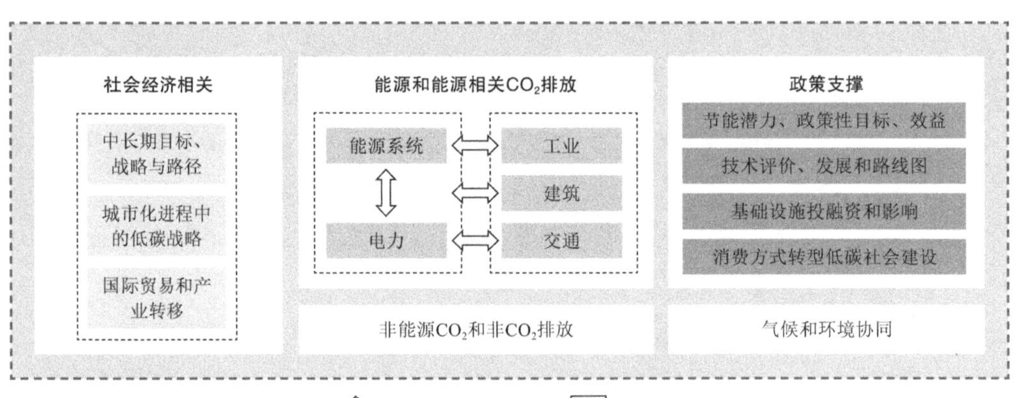

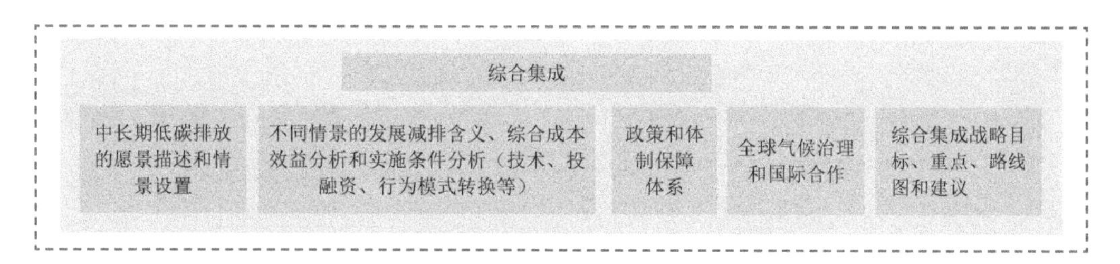

图6-3　长期低碳发展战略与转型路径研究框架

四、碳中和产业分类

碳中和产业是一个集合而不是一个具体行业，涉及人类生产生活的所有相关产业和行业。碳中和产业是指以实现产业“零碳”排放为目标，通过碳减排、碳替代、碳封存、碳循环等技术手段，从而减少碳源、增加碳汇的相关产业。

根据零碳能源供给、传输、存储及零碳消费的关联度，碳中和产业大致可分为图6-4所示的三大类。

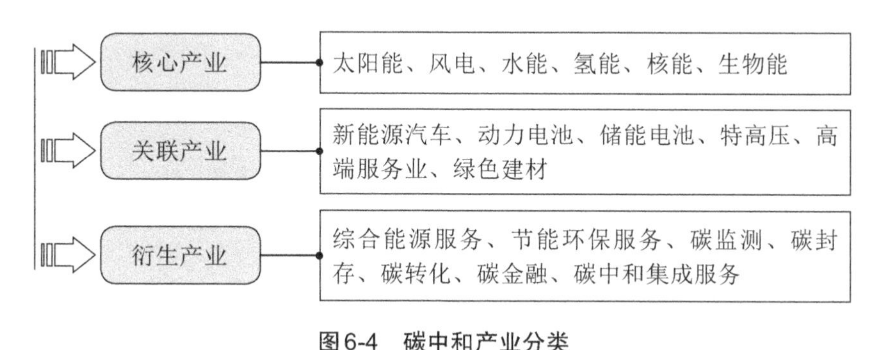

图6-4　碳中和产业分类

1.核心产业

碳中和的核心产业主要是在与碳排放、减碳直接相关，或者强相关的领域，通常是能源生产端实现“零碳”排放的清洁能源产业，如太阳能光伏、氢能、风能、海洋能等新能源产业。“碳中和”的重要领域是电力生产清洁化，光伏、风电以及核能将成为电力清洁生产的主要方向，氢能将成为新的动力能源，其商业化应用有望加速。

2.关联产业

碳中和的关联产业是与核心产业或者说是能源各环节相关联的产业领域，如锂电池、新能源汽车、特高压等关系“零碳”能源存储、传输、应用等领域，也包括高端服务业、新型都市工业等本身碳排放量较少的行业领域。

小提示

以高端服务业为代表的产业领域本身就具有“零碳”“低碳”属性，知识密集型服务业将成为“碳中和”时代经济发展的重点方向，也将成为各地争抢的“香饽饽”。

3.衍生产业

碳中和的衍生产业主要是指在“碳中和”的背景下，有中生新、无中生有的新兴领域，如合同能源管理、碳监测、碳金融（交易）、碳技术集成服务、碳补给等碳排放后端服务领域。

第二部分

路径篇

07

第七章 能源替代

能源替代是指用一些新的清洁能源来替代碳排放量高的能源，通过改善能源消费结构和能源生产方式，打破经济社会运行对化石能源的过度依赖，实现从高碳能源向低碳能源的转型。实现能源替代已成为全国、全世界面临的一个大课题。能源替代在中长期将成为我国减少碳排放的第一驱动力。

一、推进清洁能源发展

清洁能源又被称作绿色能源，是指不排放污染物、能够直接用于生产生活的能源，它包括核能和“可再生能源”。清洁能源是绿色低碳能源，是我国能源供应体系中的重要组成部分，它对改善能源结构、应对气候变化、保护生态环境、实现经济社会的可持续发展具有非常重要的意义。清洁能源的减污降碳成效非常显著，对我国减污降碳累积贡献也在不断增大。如图7-1所示。

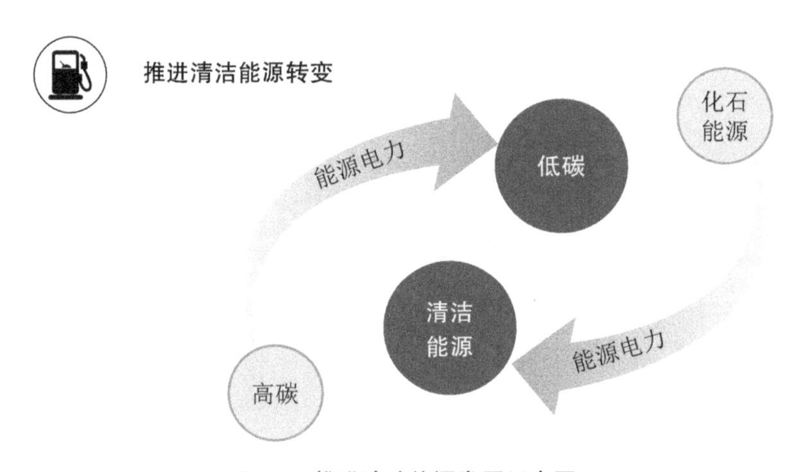

图7-1　推进清洁能源发展示意图

目前，我国把非化石能源放在能源发展优先位置，有助于大力推进低碳能源替代高碳能源、可再生能源替代化石能源。具体措施如图7-2所示。

推动太阳能的多元化利用
全面协调推进风电的开发
推进水电的绿色发展
安全有序地发展核电
因地制宜地发展生物质能、地热能和海洋能
全面提升可再生能源的利用率

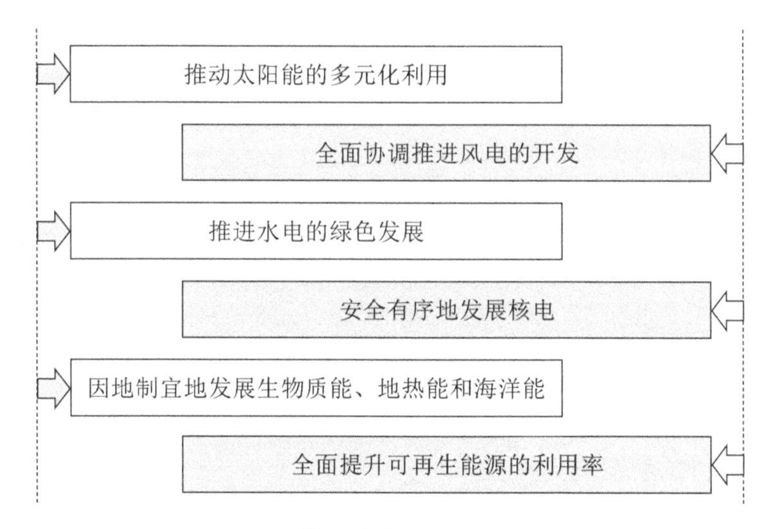

图7-2　推进清洁能源发展的措施

1.推动太阳能的多元化利用

我国按照完善体系、扩大市场、成本降低、技术进步的原则，全面推进太阳能多方式、多元化的利用。具体措施如图7-3所示。

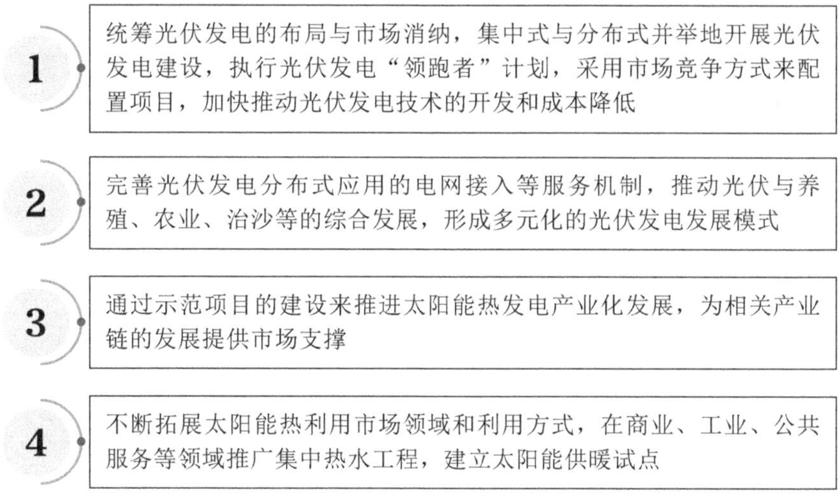

1
统筹光伏发电的布局与市场消纳，集中式与分布式并举地开展光伏发电建设，执行光伏发电“领跑者”计划，采用市场竞争方式来配置项目，加快推动光伏发电技术的开发和成本降低
2
完善光伏发电分布式应用的电网接入等服务机制，推动光伏与养殖、农业、治沙等的综合发展，形成多元化的光伏发电发展模式
3
通过示范项目的建设来推进太阳能热发电产业化发展，为相关产业链的发展提供市场支撑
4
不断拓展太阳能热利用市场领域和利用方式，在商业、工业、公共服务等领域推广集中热水工程，建立太阳能供暖试点

图7-3　推动太阳能多元化利用的措施

2.全面协调推进风电的开发

我国按照统筹规划、有效利用、集散并举、陆海齐进的原则，在做好风电开发、电力送出和市场消纳衔接的前提下，有序地推进风电开发利用和大型风电基地建设。具体措施如图7-4所示。

1 积极开发我国中部、东部的分散风能资源

2 积极稳妥地发展海上风电

3 优先发展平价风电项目，运用市场化竞争方式来配置风电项目

4 以风电的规模化开发利用来促进风电制造产业和发展

图7-4 全面协调推进风电开发的措施

3.推进水电的绿色发展

我国坚持生态优先、绿色发展，在做好生态环境保护和移民安置的前提下，科学有序地推进水电开发，做到建设与管理并重、开发与保护并重。具体措施如图7-5所示。

1 以西南地区的主要河流为重点，有序地推进流域大型水电基地的建设，合理地控制中小水电开发

2 推进小水电的绿色发展，加大对河流生态修复的财政投入，促进河流生态的健康

3 完善水电开发移民利益共享的政策，确保水电开发能够促进地方经济社会发展和移民脱贫致富，努力达到“开发一方资源、发展一方经济、改善一方环境、造福一方百姓”的目标

图7-5 推进水电绿色发展的措施

4.安全有序地发展核电

我国将核安全作为核电发展的生命线，坚持发展与安全并重，实行安全有序发展核电的方针。具体措施如图7-6所示。

1 加强核电站的规划、选址、设计、建造、运行和退役等全生命周期的管理和监督，坚持采用最先进的技术、最严格的标准来发展核电

2 完善多层次的核能、核安全法规标准体系，加强核应急预案制定和与核能有关的法制、体制、机制建设，形成应对核事故的国家核应急能力体系

3 建设核安保与核材料管制制度，严格履行核安保与核不扩散的国际义务，始终保持着良好的核安保记录

图7-6 发展核电的具体措施

迄今为止，我国在运核电机组的总体安全状况是良好的，没有发生过国际核事件分级2级及以上的事件或事故。

5.因地制宜地发展生物质能、地热能和海洋能

发展生物质能、地热能和海洋能的措施如图7-7所示。

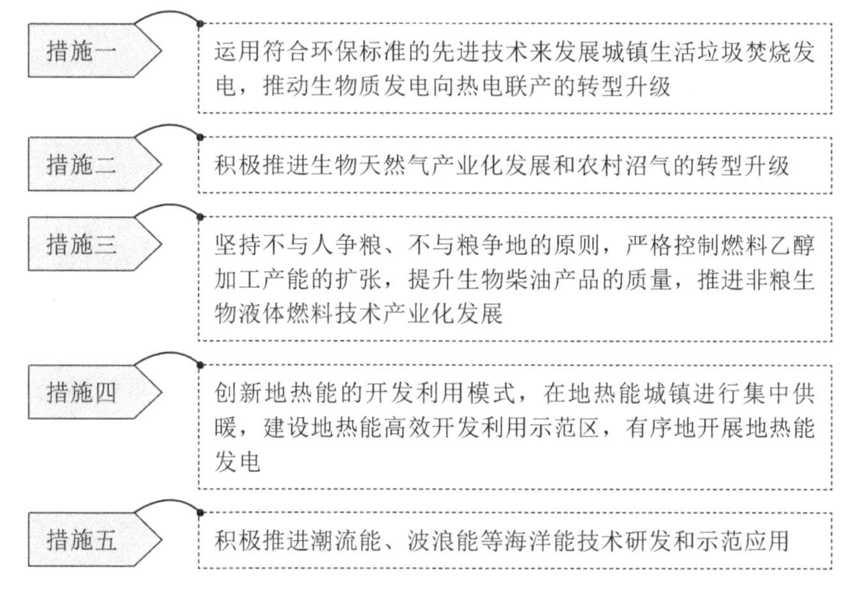

图7-7　发展生物质能、地热能和海洋能的措施

6.全面提升可再生能源的利用率

我国在不断地完善可再生能源发电全额保障性收购制度，执行清洁能源消纳行动计划，多措施促进清洁能源利用。具体措施如图7-8所示。

提高电力规划的整体协调性，优化电源结构和布局，充分发挥市场调节的功能，形成有利于可再生能源利用的体制和机制，全面提升电力系统的灵活性和调节能力

2

实行可再生能源电力消纳保障机制，对各省、直辖市、自治区行政区域按年度确定电力消费中可再生能源应达到的最低比重标准，要求电力销售企业和电力用户共同履行可再生能源电力消纳的责任

发挥电网优化资源配置平台的作用，促进源网荷储协调互动，完善可再生能源电力消纳的考核和监管机制

图7-8　提升可再生能源利用率的措施

二、压控化石能源消费

实现碳达峰的另一个关键是压控化石能源消费总量。具体可采取图7-9所示的措施，从根本上扭转化石能源的增势，让化石能源消费总量和全社会碳排放在2028年达峰。

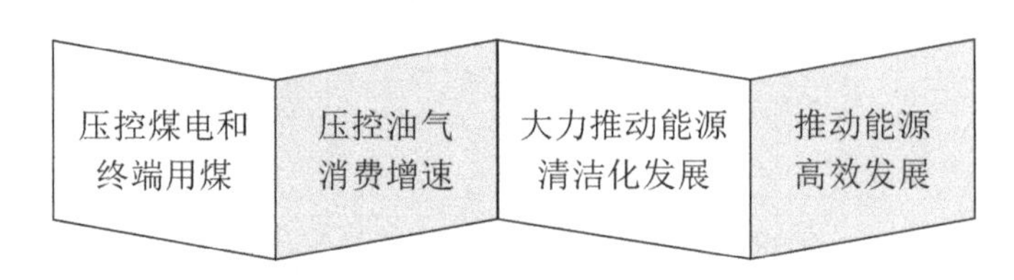

图7-9　压控化石能源消费的措施

1.压控煤电和终端用煤

2021年4月22日，题为《共同构建人与自然生命共同体》的重要讲话指出，我国"十四五"时期（2021～2025年）严控煤炭消费增长，"十五五"时期（2026～2030年）逐步减少。

煤电碳排放占能源排放总量的40%，控煤电是碳达峰的最重要任务，具体严控措施如图7-10所示。

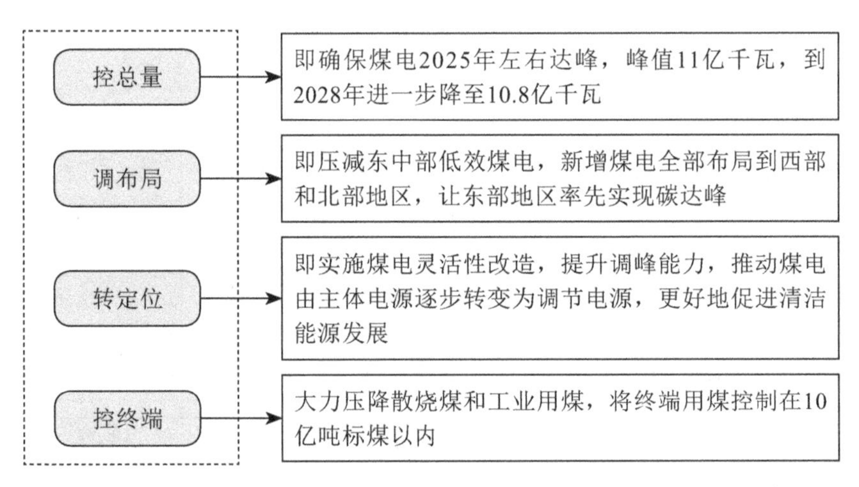

图7-10　压控煤电和终端用煤的措施

2.压控油气消费增速

在终端用能领域，加快电能替代油气，将有效抑制油气消费过快增长，是实现碳达峰的重要措施。在交通、工业、建筑等领域，大力推广电动汽车、港口岸电、电锅炉、电采暖和电炊具等新技术、新设备，积极发展电解制氢、合成燃料，加快用清洁电能取代油和气，有效地控制终端油气消费增长的速度。

3.大力推动能源清洁化发展

推动能源清洁化发展的措施如图7-11所示。

加快建设西部、北部太阳能发电、风电基地和西南水电基地，因地制宜地发展分布式清洁能源和海上风电，补上煤电退出的缺口，满足新增的用电需求

加快特高压电网建设，2028年前初步建成东部、西部特高压同步电网，电力跨省跨区跨国配置能力达5亿千瓦左右，满足清洁能源大规模开发和消纳的需要，从根本上解决弃水、弃风、弃光等问题

图7-11 推动能源清洁化发展的措施

4.推动能源高效发展

推进各领域各行业的节能，提高能源的使用效率，是降低能源强度、促进碳减排的重要手段。目前，我国单位GDP能耗约为经合组织国家平均水平的3倍，节能空间非常大。因此，我们可采取图7-12所示的措施，来推动能源高效发展。

在能源生产环节，着力于提高清洁能源的发电效率，降低火电机组的煤耗

推动能源高效发展的措施

在能源消费环节，积极推广先进的用能技术和智能控制技术，提升建筑、钢铁、化工等重点行业的用能效率

图7-12 推动能源高效发展的措施

资讯平台

对于减少煤炭消费的重要难题，2021年，不少省份立下了“军令状”。比如，山西在政府工作报告中强调“推动煤矿绿色智能开采，推进煤炭分质分级梯级利用，抓好煤炭消费减量等量替代”的措施；浙江提出“非化石能源占一次能源比重提高到20.8%，煤电装机占比下降2%”的目标；山东的目标是“2021年，煤炭产量稳定在1.1亿吨左右”；上海在“十四五”规划中提出，“研究推进吴泾煤电等容量异地替代”。

5. 实现高碳能源低碳化利用

我国煤炭的利用正逐步向规模化、集约化、清洁化、大型化发展，推动煤炭由单一燃料属性向燃料、原料方向转变，推进分级分质利用，从而实现高碳能源低碳化利用。具体来说，未来煤炭清洁高效利用的重点主要在燃煤发电和现代煤化工两个方面。如图7-13所示。

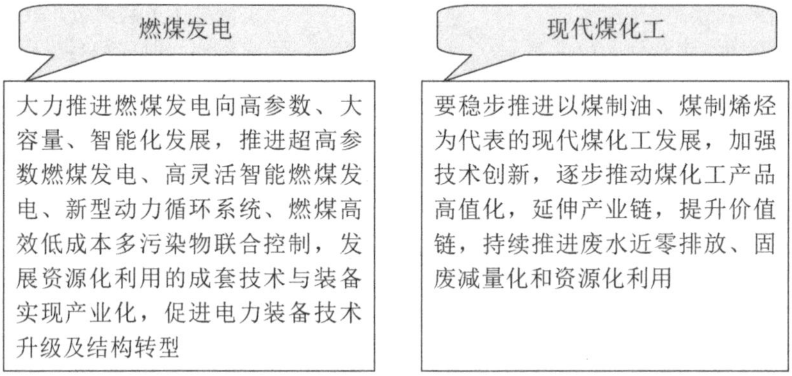

图7-13　煤炭清洁高效利用的重点

现代煤化工项目建设只有在规模条件下，技术经济效能和环保性能才能得到充分体现。因此，我国要积极推进煤化工产业大型化、基地化、园区化发展，结合资源禀赋，稳步有序推进大型现代煤化工基地建设。

三、建设能源互联网

能源互联网是指综合运用先进的电力电子技术、智能管理技术和信息通信技术，将大量由分布式能量采集装置、储存装置和各种类型负载构成的新型电力网络、天然气网络、石油网络等能源节点互联起来，以实现能量双向流动的能量对等交换与共享网络。能源互联网是智慧城市发展理念在能源领域的创新实践，将有助于能源生产、消费、市场等环节协同发力，转变以煤、气、油为主体的能源格局，打造以清洁为主导，以电为中心，互联互通的新型能源体系，从而开辟低碳、绿色、可持续的能源发展新道路。

1. 生产环节以清洁主导转变能源生产方式

我国水能、风能、太阳能技术可开发量分别超过6亿千瓦、35亿千瓦、100亿千瓦，完全能够满足我国未来发展的能源需求。发挥清洁能源资源的优势，加快清洁替代，推动以水、风、光等清洁能源替代化石能源，是实现能源供给更新的必然要求。具体措施如图7-14所示。

大力建设“三北”风电、西部太阳能发电、西南水电等大型清洁能源基地，因地制宜地发展分布式能源和海上风电，安全高效地发展核电，配套建设抽水蓄能和电化学等储能系统，以风、光、水储协同保障能源的供应，打造高质量发展的“绿色引擎”

煤电方面要优化布局、严控总量、调整定位、加快转型，压减东中部区的低效煤电，新增煤电全部布局到西部和北部地区，煤电装机在2025年前达峰（11亿千瓦），并逐步地压减和退出，煤电的功能定位由主体电源逐步转变为调节电源，以更好地促进清洁能源的发展

图7-14 转变能源生产方式的措施

2.消费环节以电为中心转变能源消费方式

电能是优质高效的二次能源，其经济价值相当于等当量煤炭的17.3倍、石油的3.2倍，电能消费占终端能源消费的比重每提高1%，能源强度就下降3.7%。所以，加快电能替代，推动以电代煤、以电代气、以电代油、以电代柴，形成电能为主的能源消费格局，将大幅地提高我国的能效水平，降低油气的进口依赖度，是实现能源消费革命的根本途径。具体措施如图7-15所示。

在交通、商业、工业、农业、生活等各用能领域全面地实施电能替代，提高能源消费的品质和效率，让煤、油、气等资源回归工业原材料的属性，以创造更大的价值

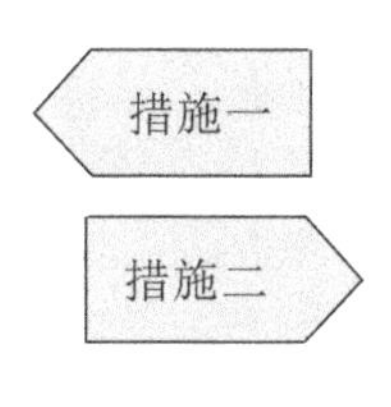

依托清洁能源发电，推动电制氢气、甲烷等燃料和原材料的发展，培育绿色循环新型产业，为经济高质量的发展提供有力的支撑

图7-15 转变能源消费方式的措施

3.市场环节以大电网大市场实现能源大范围优化配置

电网既是能源输送的高效载体，也是市场配置的重要平台。我国的电网从小到大，由孤立的地区电网，到省级电网、区域电网，目前已形成全国电网。大火电、大水电、先进核电和新能源技术广泛应用，我国的电网电压等级不断提升，正在建设世界上电压等级最高、配置能力最强的特高压交直流混合电网，这为保障能源安全、推动清洁发展发挥了关键作用。具体措施如图7-16所示。

面对更大规模的“西电东送、北电南供”的需要，我国亟须加快建设以智能电网为基础、特高压电网为骨干网架的全国能源优化配置平台，形成以西部为送端、东部为受端的两大同步电网，全面提高电能的配置能力和安全水平，满足清洁能源的大规模接入、输送和消纳的需要，从根本上解决弃水、弃风、弃光和“窝电”等问题

2

依托大电网加快建设全国统一的电力市场，充分地发挥市场在资源配置中的决定性作用，更好地促进能源跨区、跨省交易和经济高效的配置

3

在立足国内的前提下，要加强国际能源合作，积极推动我国与俄罗斯、缅甸、老挝、蒙古、哈萨克斯坦等周边国家的电力互联，利用国际资源，丰富能源供应体系，实现开放条件下的能源安全

图7-16　实现能源大范围优化配置的措施

08

第八章 节能增效

节能增效不是一项活动，而是涉及低碳减排的发展理念、发展道路、生产方式、生活方式的重大任务，需要全过程地从各个领域加以强化并始终坚持。全方位地持久推进节能增效任务，既是一项重大的社会工程，也是一项艰巨的系统工程。节能增效的措施包括调整产业结构、推广节能技术、发展循环经济、提升能源利用效率、重点行业源头减排、加快能源系统脱碳等方面。

一、调整产业结构

调整产业结构是节能和提高能效的重要手段，对加快我国经济结构、产业结构、能源结构调整有巨大的推动作用。

1.第三产业结构调整

根据国家统计局公开的数据显示，2021年第一季度我国完成的名义GDP以及三大产业的占比如图8-1所示。

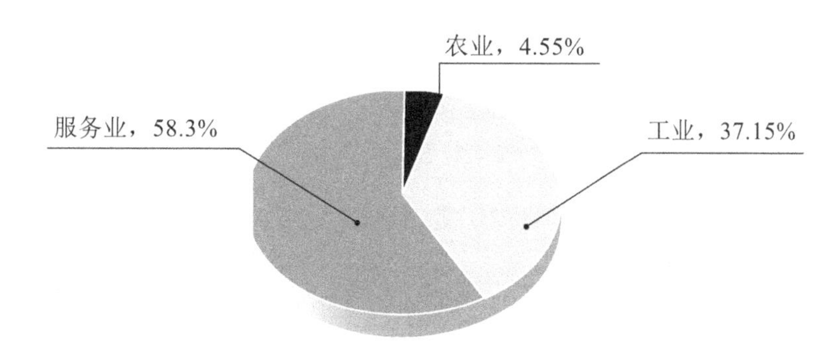

图8-1 我国三大产业占比

我国是制造业大国，第二产业（工业）相对第一产业（农业）和第三产业（商业）而言拥有更高的单位GDP能耗，因而需要进一步压缩工业的能源需求规模，降低工业的能耗水平。而从发达国家产业结构变迁的历程来看，目前我国第三产业的规模存在较大的节能低碳提升空间，提高第三产业在GDP中的占比，有利于实现我国碳中和的目标。

2. 产业内部结构调整

除了三大产业结构的调整以外，产业内部结构的调整对节能增效的贡献更大。具体措施如图8-2所示。

1 顺应市场需求调整的规律，深入推进供给侧的结构性改革，提高钢铁、水泥、石化、电解铝等高耗能产业减量置换比例，把高能效和低碳排放纳入产能减量置换的门槛

2 鼓励各省因地制宜地建立产业准入清单，将新建项目列为禁止类、限制类、鼓励类，以确保新增固定资产投资与能耗强度降低目标和长期“碳中和”目标相匹配

3 促进新一代信息通信技术、新能源、节能环保、新能源汽车等战略性新兴产业的发展，使工业和各产业内部的结构向高附加值、低能耗方向转变

图8-2　产业内部结构调整的措施

二、推广节能技术

节能技术的创新是各领域各行业提升能源利用效率的重要驱动力。不管是从宏观层面，还是从微观层面，节能技术的应用都能促进用能企业提高能源使用效率、降低单位产值能耗。所以，推广节能技术是持续推进节能减排，达成碳达峰碳中和目标的措施之一。

1. 深挖行业内部节能潜力

创新是节能和提高能效的根本动力。近年来，我国政府持续发布节能新技术，推动各领域各行业了解并使用新技术。

比如，格力电器开发了直驱永磁变频离心空调技术，集成了永磁变频调速、一体化转子等先进技术，这些技术大幅度地提升了空调制冷效率。

面向“碳中和”目标，我国各级政府要进一步强化科技创新的引领作用，探索节能新工艺、新材料、新设计的思路，加快推广节能新技术、新业态、新模式，为深挖行业节能潜力提供更多的解决方案。

2.跨行业资源整合

近年来，我国工业企业纷纷进入园区聚集，通过整合入园企业用电、用水、用热、用气的需求，集中规划建设电力、热力、天然气等的基础设施，实现多能互补和智能化管控，园区的能源消耗可减少15%～20%，企业用能和污染物治理成本也获得了显著降低。对此，我国要进一步加强工业园区的节能改造、综合能源服务，深挖跨能源品种、跨行业、跨部门的节能潜力。

三、发展循环经济

循环经济也称为资源循环型经济，循环经济是一种以资源的高效利用和循环利用为核心的经济发展模式。循环经济主要以“减量化、再利用、资源化”为原则，以低消耗、低排放、高效率为基本特征，是对“大量生产、大量消费、大量废弃”的传统增长模式的根本性变革。

我国经过几十年的经济高速发展，生产水平得到了很大的提升，但产品迭代频繁而引起的重复生产，既带来了环境污染问题，也带来了能源浪费。而通过发展循环经济，则可以充分地利用生产余料废料进行再生产再创造，这不仅有利于充分挖掘废料、余料的价值，还能在一定程度上减少能源需求，避免能源浪费，提高用能效率。

1.再生资源的回收利用

再生资源回收利用是碳减排的路径之一，同时兼具污染物减排的协同效益，无疑是实现碳达峰和碳中和的重要方式。

再生资源的回收利用可以有效地减少产品初次生产过程中的碳排放量，有研究表明，图8-3所示的三大领域再生资源的回收利用的潜力最大。

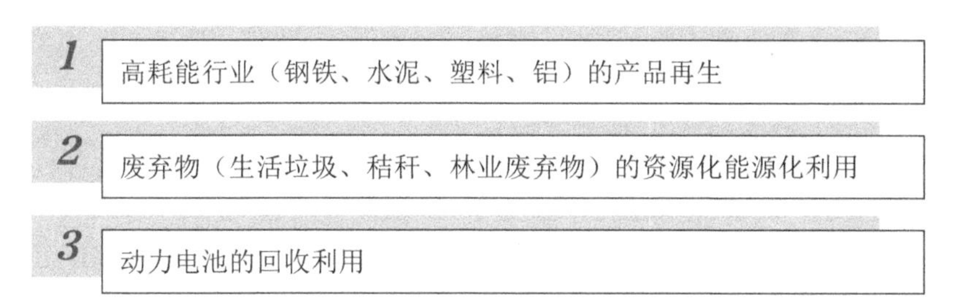

图8-3 再生资源回收利用市场潜力

再生资源利用是循环经济的关键组成部分，是实现碳达峰和碳减排的重要手段。再生资源与原生资源相比，可以大量有效保护环境和生态、减少污染排放、节约能源。尤其是在当前原生资源日益缺乏、开采成本不断攀升、价格逐渐上涨的条件下，充分利用再生资源，不仅能降低产品生产成本，还能降低碳排放量和污染物排放量。

2. 固废的专业化处理

在为达成碳中和目标的趋势下，固废处理专业化是未来国家政策将继续着力的领域。2019年住建部、发改委、生态环境部等九部门联合印发了《住房和城乡建设部等部门关于在全国地级及以上城市全面开展生活垃圾分类工作的通知》，该通知提出了以下措施和要求：从2019年起在全国的地级及以上城市里全面启动生活垃圾分类的工作；到2020年，46个重点城市应基本建成生活垃圾分类处理系统；到2025年，全国地级及以上城市基本应建成生活垃圾分类处理系统。这一政策正式启动了我国垃圾分类处理的热潮，重点地区垃圾分类工作也因此开始如火如荼地展开。如图8-4所示。

图8-4　生活垃圾分类处理宣传图

3. 大宗固废综合利用

固体废弃物主要指人类在生产、消费、生活和其他活动中产生及废弃的固态废弃物，其中，冶炼渣、煤矸石、工业副产石膏、尾矿、粉煤灰、农作物秸秆和建筑垃圾等七类固体废弃物的年产生量均在1亿吨以上，这些固体废弃物数量大面积广，对环境的负面影响突出，利用的前景也非常广阔，因此也被称为“大宗固废”，是当前开展资源综合利用的关键领域。

目前，大宗固废累计堆存量约有600亿吨，每年新增堆存量近30亿吨。大宗固废的堆存占用了宝贵的土地资源，造成“水—土—气”复合污染突出，成为造成环境和安全问题的主要因素之一。因此，开展大宗固废的综合利用，是提高资源利用效率的重要领域，这也有助于推动碳达峰、碳中和目标的实现。

2021年3月24日颁布的《关于“十四五”大宗固体废弃物综合利用的指导意见》要求到2025年新增大宗固废综合利用率达到60%，推进伴生矿、尾矿的综合利用及

提升贵金属回收效率。2021年3月29日，固体废物污染环境防治法执法检查组第一次全体会议召开，部署在全国范围内开展对固体废物环境防治法执法检查，计划分为4个检查小组分赴8个省（区、市）开展实地检查，同时委托其他省级人大常委会开展检查，实现31个省（区、市）检查“全覆盖”。

4.建设“无废城市”

关于无废城市，国际上并没有准确的统一含义。无废国际联盟（NGO）是这样定义的：“通过负责任地生产、消费、回收，使得所有废弃物被重新利用，没有废弃物焚烧、填埋、丢弃至露天垃圾场或海洋，从而不威胁环境和人类健康。”2019年1月，国务院办公厅印发《“无废城市”建设试点工作方案》，在该方案中是如此定义无废城市的：“无废城市是以创新、协调、绿色、开放、共享的新发展理念为引领，通过推动形成绿色发展方式和生活方式，持续推进固体废物源头减量和资源化利用，最大限度减少填埋量，将固体废物环境影响降至最低的城市发展模式。”

综合来看，我们可以将“无废城市”进一步理解为：以绿色、共享、开放、创新、协调的新发展理念为引领，通过资源的系统整理，改变生产、消费、回收固体废弃物方式，重新利用城市所有固体废弃物，没有废弃物丢弃至露天垃圾场或海洋，或填埋、焚烧，从而不威胁人类健康和环境。

无废城市的目标如图8-5所示。

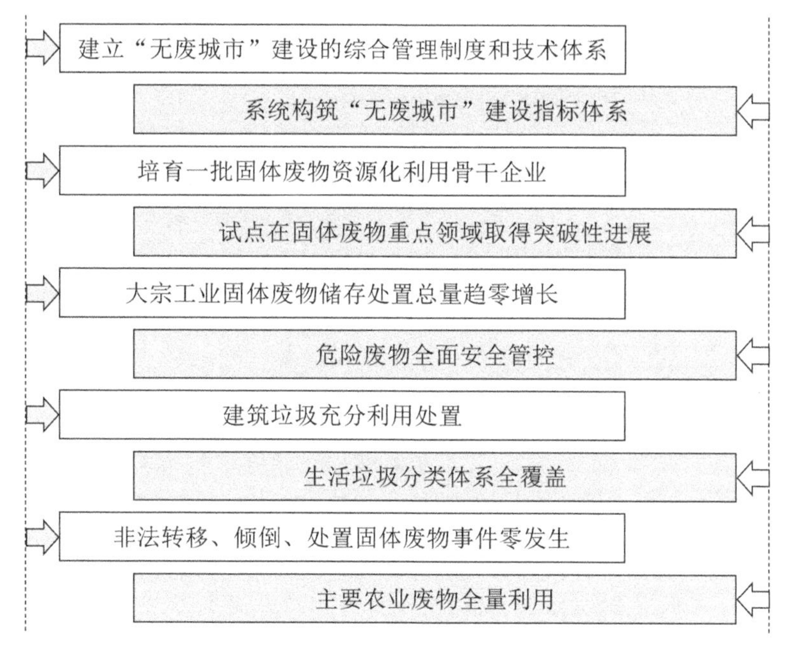

图8-5　无废城市的目标

“无废城市”建设的重要任务之一是践行绿色生活方式，而要完成这一任务需要做好图8-6所示的5个方面的工作。

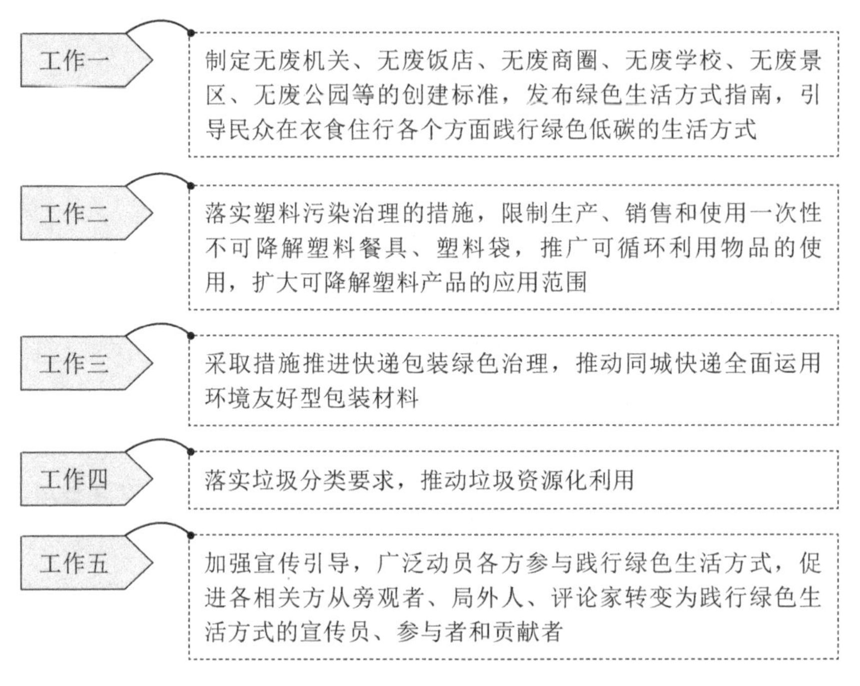

图8-6　建设“无废城市”的主要工作

相关链接

《关于“十四五”大宗固体废弃物综合利用的指导意见》节选

三、提高大宗固废资源利用效率

（六）煤矸石和粉煤灰。持续提高煤矸石和粉煤灰综合利用水平，推进煤矸石和粉煤灰在工程建设、塌陷区治理、矿井充填以及盐碱地、沙漠化土地生态修复等领域的利用，有序引导利用煤矸石、粉煤灰生产新型墙体材料、装饰装修材料等绿色建材，在风险可控前提下深入推动农业领域应用和有价组分提取，加强大掺量和高附加值产品应用推广。

（七）尾矿（共伴生矿）。稳步推进金属尾矿有价组分高效提取及整体利用，推动采矿废石制备砂石骨料、陶粒、干混砂浆等砂源替代材料和胶凝回填利用，探索尾矿在生态环境治理领域的利用。加快推进黑色金属、有色金属、稀贵金属等共伴生矿产资源综合开发利用和有价组分梯级回收，推动有价金属提取后剩余废渣的规模化利用。依法依规推动已闭库尾矿库生态修复，未经批准不得擅自回采尾矿。

（八）冶炼渣。加强产业协同利用，扩大赤泥和钢渣利用规模，提高赤泥在道路材料中的掺用比例，扩大钢渣微粉作混凝土掺合料在建设工程等领域的利用。不断探索赤泥和钢渣的其他规模化利用渠道。鼓励从赤泥中回收铁、碱、氧化铝，从冶炼渣中回收稀有稀散金属和稀贵金属等有价组分，提高矿产资源利用效率，保障国家资源安全，逐步提高冶炼渣综合利用率。

（九）工业副产石膏。拓宽磷石膏利用途径，继续推广磷石膏在生产水泥和新型建筑材料等领域的利用，在确保环境安全的前提下，探索磷石膏在土壤改良、井下充填、路基材料等领域的应用。支持利用脱硫石膏、柠檬酸石膏制备绿色建材、石膏晶须等新产品新材料，扩大工业副产石膏高值化利用规模。积极探索钛石膏、氟石膏等复杂难用工业副产石膏的资源化利用途径。

（十）建筑垃圾。加强建筑垃圾分类处理和回收利用，规范建筑垃圾堆存、中转和资源化利用场所建设和运营，推动建筑垃圾综合利用产品应用。鼓励建筑垃圾再生骨料及制品在建筑工程和道路工程中的应用，以及将建筑垃圾用于土方平衡、林业用土、环境治理、烧结制品及回填等，不断提高利用质量，扩大资源化利用规模。

（十一）农作物秸秆。大力推进秸秆综合利用，推动秸秆综合利用产业提质增效。坚持农用优先，持续推进秸秆肥料化、饲料化和基料化利用，发挥好秸秆耕地保育和种养结合功能。扩大秸秆清洁能源利用规模，鼓励利用秸秆等生物质能供热供气供暖，优化农村用能结构，推进生物质天然气在工业领域应用。不断拓宽秸秆原料化利用途径，鼓励利用秸秆生产环保板材、碳基产品、聚乳酸、纸浆等，推动秸秆资源转化为高附加值的绿色产品。建立健全秸秆收储运体系，开展专业化、精细化的运管服务，打通秸秆产业发展的“最初一公里”。

四、推进大宗固废综合利用绿色发展

（十二）推进产废行业绿色转型，实现源头减量。开展产废行业绿色设计，在生产过程充分考虑后续综合利用环节，切实从源头削减大宗固废。大力发展绿色矿业，推广应用矸石不出井模式，鼓励采矿企业利用尾矿、共伴生矿填充采空区、治理塌陷区，推动实现尾矿就地消纳。开展能源、冶金、化工等重点行业绿色化改造，不断优化工艺流程、改进技术装备，降低大宗固废产生强度。推动煤矸石、尾矿、钢铁渣等大宗固废产生过程自消纳，推动提升磷石膏、赤泥等复杂难用大宗固废净化处理水平，为综合利用创造条件。在工程建设领域推行绿色施工，推广废弃路面材料和拆除垃圾原地再生利用，实施建筑垃圾分类管理、源头减量和资源化利用。

（十三）推动利废行业绿色生产，强化过程控制。持续提升利废企业技术装备水平，加大小散乱污企业整治力度。强化大宗固废综合利用全流程管理，严格落实全过程环境污染防治责任。推行大宗固废绿色运输，鼓励使用专用运输设备和车辆，加强大宗固废运输过程管理。鼓励利废企业开展清洁生产审核，严格执行污染物排放标准，完善环境保护措施，防止二次污染。

（十四）强化大宗固废规范处置，守住环境底线。加强大宗固废储存及处置管理，强化主体责任，推动建设符合有关国家标准的储存设施，实现安全分类存放，杜绝混排混堆。统筹兼顾大宗固废增量消纳和存量治理，加大重点流域和重点区域大宗固废的综合整治力度，健全环保长效监督管理制度。

五、推动大宗固废综合利用创新发展

（十五）创新大宗固废综合利用模式。在煤炭行业推广“煤矸石井下充填+地面回填”，促进矸石减量；在矿山行业建立“梯级回收+生态修复+封存保护”体系，推动绿色矿山建设；在钢铁冶金行业推广“固废不出厂”，加强全量化利用；在建筑建造行业推动建筑垃圾“原地再生+异地处理”，提高利用效率；在农业领域开展“工农复合”，推动产业协同；针对退役光伏组件、风电机组叶片等新兴产业固废，探索规范回收以及可循环、高值化的再生利用途径；在重点区域推广大宗固废“公铁水联运”的区域协同模式，强化资源配置。因地制宜推动大宗固废多产业、多品种协同利用，形成可复制、可推广的大宗固废综合利用发展新模式。

（十六）创新大宗固废综合利用关键技术。鼓励企业建立技术研发平台，加大关键技术研发投入力度，重点突破源头减量减害与高质综合利用关键核心技术和装备，推动大宗固废利用过程风险控制的关键技术研发。依托国家级创新平台，支持产学研用有机融合，鼓励建设产业技术创新联盟等基础研发平台。加大科技支撑力度，将大宗固废综合利用关键技术、大规模高质综合利用技术研发等纳入国家重点研发计划。适时修订资源综合利用技术政策大纲，强化先进适用技术推广应用与集成示范。

（十七）创新大宗固废协同利用机制。鼓励多产业协同利用，推进大宗固废综合利用产业与上游煤电、钢铁、有色、化工等产业协同发展，与下游建筑、建材、市政、交通、环境治理等产品应用领域深度融合，打通部门间、行业间堵点和痛点。推动跨区域协同利用，建立跨区域、跨部门联动协调机制，推动京津冀协同发展、长江经济带发展、粤港澳大湾区建设、长三角一体化发展、黄河流域生态保护和高质量发展等国家重大战略区域的大宗固废协同处置利用。

（十八）创新大宗固废管理方式。充分利用大数据、互联网等现代化信息技术手段，推动大宗固废产生量大的行业、地区和产业园区建立“互联网+大宗固废”综合利用信息管理系统，提高大宗固废综合利用信息化管理水平。充分依托已有资源，鼓励社会力量开展大宗固废综合利用交易信息服务，为产废和利废企业提供信息服务，分品种及时发布大宗固废产生单位、产生量、品质及利用情况等，提高资源配置效率，促进大宗固废综合利用率整体提升。

四、提升能源利用效率

近年来，我国能源结构已经逐步有所改善，用能效率也明显提高，能源的快速发展支撑了经济的高速增长。但能效偏低、产业偏重、结构高碳等现实也导致环境问题日趋尖锐，因而，要调整能源结构向绿色、低碳转型，不仅是能源革命的核心，也是能源供给侧改革的特征。在这一过程中，我国应将节能提效列为能源战略之首。

特别是在当前以化石能源为主的能源结构下，节能提效应是节能减碳的主力。为顺利实现“30碳达峰/60碳中和的目标”，我国应提高能源利用率，推进重要领域实施节能降碳措施。具体措施如图8-7所示。

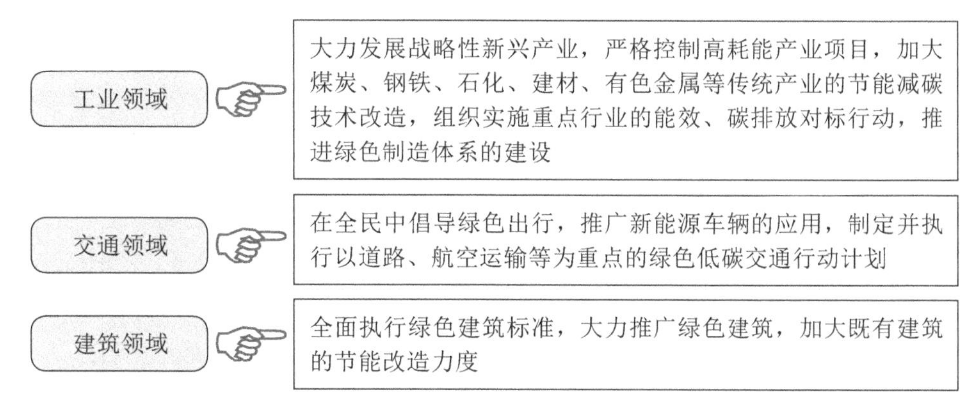

图8-7 提升能源利用效率的措施

五、重点行业源头减排

作为碳减排的着力点，重点行业源头减排是我国实现能源领域碳中和目标的最重要手段，其中电力、工业、交通作为最大的碳排放部门，尤其需要从源头上进行结构调整，促进能源快速转型变革，从而提升效率、降低能耗，带头早日实现碳减排目标。

在实现2060年碳中和目标的背景下，开源节流是主要的节能减碳措施，因此，我国要实现碳中和目标，就必须将政策着力于工业生产端的减碳。

我国能源消耗所产生的碳排放量占全国碳排放总量约85%，其中约70%来自工业生产活动。从细分行业看，电解铝、石化、水泥、钢铁为国内碳排放量较高的行业，分别占我国社会碳排放总量5%、6%、16%、18%。

1. 电力部门

电力部门主要从能源供给侧与消费侧进行碳减排升级，具体措施如图8-8所示。

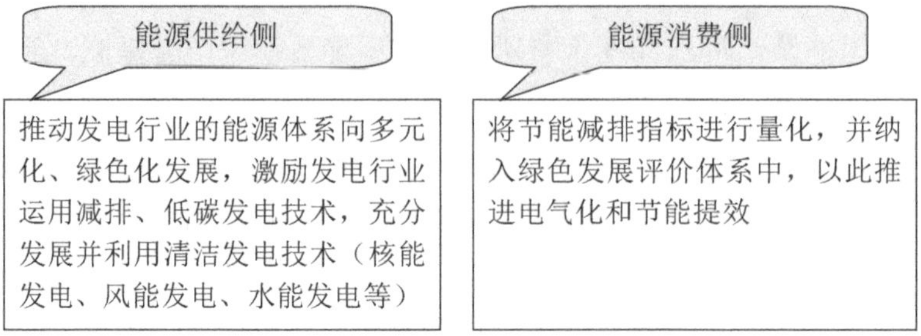

能源供给侧

推动发电行业的能源体系向多元化、绿色化发展，激励发电行业运用减排、低碳发电技术，充分发展并利用清洁发电技术（核能发电、风能发电、水能发电等）

能源消费侧

将节能减排指标进行量化，并纳入绿色发展评价体系中，以此推进电气化和节能提效

图8-8　电力部门碳减排的具体措施

2. 工业部门

工业部门碳减排的具体措施如图8-9所示。

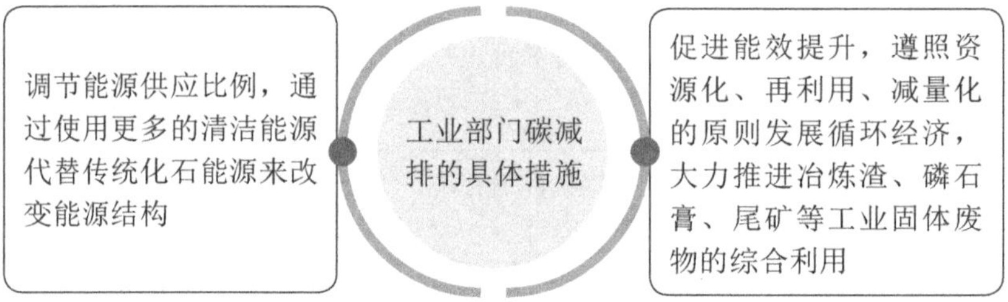

工业部门碳减排的具体措施

调节能源供应比例，通过使用更多的清洁能源代替传统化石能源来改变能源结构

促进能效提升，遵照资源化、再利用、减量化的原则发展循环经济，大力推进冶炼渣、磷石膏、尾矿等工业固体废物的综合利用

图8-9　工业部门碳减排的具体措施

3. 交通部门

交通部门碳减排的具体措施如图8-10所示。

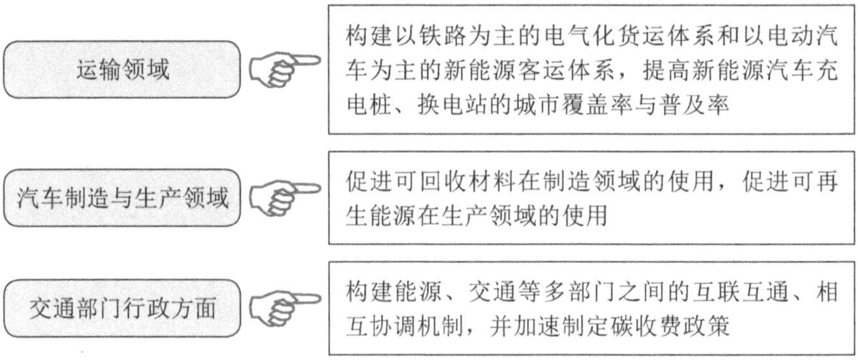

运输领域

构建以铁路为主的电气化货运体系和以电动汽车为主的新能源客运体系，提高新能源汽车充电桩、换电站的城市覆盖率与普及率

汽车制造与生产领域

促进可回收材料在制造领域的使用，促进可再生能源在生产领域的使用

交通部门行政方面

构建能源、交通等多部门之间的互联互通、相互协调机制，并加速制定碳收费政策

图8-10　交通部门碳减排的具体措施

六、加快能源系统脱碳

化石能源的大量开发使用是导致气候危机的根源，而破解这一危机的根本出路是加快实现能源系统的全面脱碳。在能源生产与消费的各个环节、碳排放的各个领域对化石能源进行深度替代，有助于推动能源系统全面脱碳。

1. 能源生产脱碳

能源生产脱碳的主要措施如下。

（1）加快建成以特高压电网为骨干网架，各级电网协调发展的中国能源互联网和统一高效的全国电力市场，发挥大电网、大市场在资源配置中的决定性作用。

（2）全面加快太阳能、风能、水能等清洁能源和储能跨越式发展，以光、风、水储输联合方式实现能源大范围经济高效配置，满足经济社会发展需求。

这种广域平衡、多能互补、清洁高效的能源发展方式，将打破能源供给的时空约束和资源约束，充分利用资源差、电价差、负荷差，推动能源结构布局的优化和效率效益的提升，从而实现全面脱碳转型。

预计到2055年，我国清洁能源装机、发电量将分别达到73.5亿千瓦、16万亿千瓦时，在总装机和总发电量的比重中均接近94%，电力跨省、跨区、跨国配置能力超过10亿千瓦，推动能源生产碳排放从2028年的52亿吨降至2.3亿吨。

2. 能源消费脱碳

为顺利实现2060年碳中和的目标，我国应大力深化各个领域的电能替代，构建以清洁电力为基础的产业体系和生产生活方式，摆脱对煤、油、气等能源的依赖。具体措施如图8-11所示。

加快钢铁、化工、建材等高耗能行业的电气化升级，大幅提高能源的利用效率，建立绿色低碳发展的工业体系

图8-11

交通领域	大力发展电动汽车和氢能汽车，提升电气化铁路的比重，以电能和电制清洁燃料替代航空航海化石能源需求，实现从油驱动向电（氢）驱动的转变
建筑领域	普及建筑的节能改造和智能家电的应用，推动炊事、供热、制冷等的全面电气化，倡导民众采取零碳生活方式

图8-11　各领域电能替代的措施

预计到2055年，我国工业领域的电气化率将达到60%，碳排放量从2028年的31.2亿吨将降至3.3亿吨；我国交通领域的电气化率将达到70%，碳排放量从2028年的12.2亿吨将降至2亿吨；我国建筑领域的电气化率将达到75%，碳排放量从2028年的6.5亿吨将降至1.1亿吨。

通过协同推动工业、交通、建筑这三大重点领域的电气化转型，预计到2055年，我国全社会的电气化率将超过60%，能源消费碳排放量从2028年的50亿吨将降至6.4亿吨。

3.非能利用领域碳减排

钢铁、化工、建材等传统工业除了在能源消费过程中有碳排放外，还会在原料生产和加工的过程中有碳排放。目前，我国工业过程产生的碳排放大约每年为10亿吨。在非能利用领域碳减排的主要措施如下。

（1）依托中国能源互联网，积极利用清洁电力制造氢气、甲烷、甲醇、氨气等原材料，推动以氢能炼钢替代以焦炭炼钢。

（2）优化建材、化工、钢铁行业的工艺流程，将促进传统产业向低排放、低耗能、高附加值方向加快转型，大幅地减少工业过程中所产生的碳排放量。

预计到2055年，我国工业生产的智能化、高新化、绿色化水平将明显提升，工业生产过程中非能利用产生的碳排放量将从2028年的13亿吨降至5.4亿吨。

09

第九章
增加生态碳汇

业内认为，森林、草原、湿地、农田等陆地生态系统吸收了25%～30%的人类生产、消费活动导致的二氧化碳排放量，由此可见，生态碳汇在实现“碳达峰、碳中和”目标中起着越来越重要的作用。

一、开展植树造林

在实现碳中和、碳达峰的众多方式中，植树造林作用显著。一方面，森林作为陆地生态系统的主体，是生态系统中最大的“碳储存库”；另一方面，森林生态系统固碳利用自然过程，几乎不需要花费成本，同时森林又具有涵养水源、保护生物多样性、防风固沙等生态效益，性价比非常高。

1.扩大森林面积

森林固碳就像银行存储现金一样，森林可以通过植物的光合作用存储大量的二氧化碳。植物进行光合作用吸收二氧化碳后，并不能将二氧化碳全部地存储下来，有一部分二氧化碳会随着植物和土壤的呼吸被释放出来；火灾、病虫害、采伐树木以及植物死亡等，也会导致森林释放出一部分二氧化碳，而存储下来的二氧化碳就被称为碳汇。

我国非常重视森林碳汇在应对气候变化、实现碳中和目标过程中的作用。我国于2009年就提出，到2020年森林蓄积量将比2005年增加13亿立方米；2015年我国再次提出，到2030年森林蓄积量将比2005年增加45亿立方米左右。2021年，我国为应对气候变化，又提出了到2030年的新目标，其中，森林蓄积量将比2005年增加60亿立方米。

资讯平台

近年来，我国大规模地开展国土绿化行动，全面保护天然林，同时，不断扩大退耕还林还草的规模。截至目前，全国森林覆盖率已经达到23.04%，森林蓄积量已经超过175亿立方米，比2005年增加了45亿立方米。

2.增加森林碳汇能力

根据评估，我国森林覆盖率的最大潜力有可能达到国土的28%～29%，目前我国可用于造林的土地还有约3000万公顷，再加上退耕还草、退耕还林的土地，总共还有4000多万公顷土地，这些都可以用来扩大森林的面积。我国森林平均每公顷的蓄积量只有90多立方米，所以，要加强森林经营与管理，采取森林抚育等措施，建立高效、稳定、健康的森林生态系统。

保护好现有的森林和增加森林碳储量的重要路径包括图9-1所示的3种。

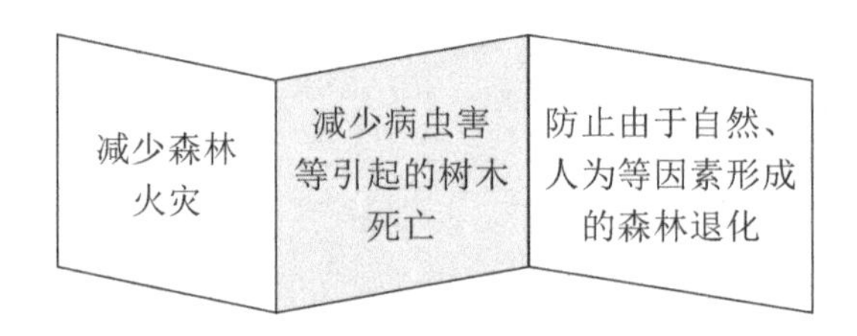

图9-1　增加森林碳储量的重要路径

2020年11月11日，中国石油天然气集团有限公司首个碳中和林—大庆油田马鞍山碳中和林揭牌。碳中和林是通过造林中和碳排放的生态补偿办法。

马鞍山碳中和林总面积为510亩，该森林里种植有景观效果好、适应力强、碳汇功能强的常绿针叶乔木和落叶阔叶乔木，根据生物多样性原则进行混交种植，预计栽植乔木2.126万株，用于大庆油田铁人王进喜纪念馆运营的碳中和。碳中和林栽种的树种木有较强的观赏性和固碳能力，同时具有较高的经济价值。

二、加强生态修复

生态修复是以生物修复为基础，结合各种化学修复、物理修复和工程技术措施，协助一个被退化、损伤和破坏的生态系统恢复的过程。“山、水、林、田、湖、草是一个生命共同体”的理念是生态修复的基本原则。对“山、水、林、田、湖、草”进行整体保护、系统修复、综合治理，才能真正可以把“绿水青山”转变为“金山银山”。加强生态修复的具体措施如图9-2所示。

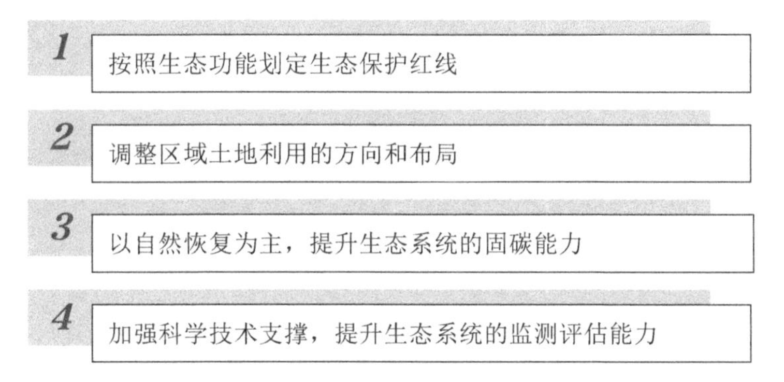

图9-2 加强生态修复的措施

1.按照生态功能划定生态保护红线

生态保护红线的实质是生态环境安全的底线，也被称为生态红线，是指在生态空间范围内具有特殊的重要生态功能，必须强制性地加以严格保护的区域。划定生态保护红线的要求如下。

（1）优先将具有生物多样性维护、重要水源涵养、水土保持、海岸防护和防风固沙等生态功能的极重要区域，以及生态极敏感脆弱的沙漠化、石漠化、水土流失和海岸侵蚀等区域划入生态保护红线。其他经评估有潜在重要生态价值的区域但目前不能确定的也可划入生态保护红线。

（2）对自然保护地（由各级政府依法划定或确认，对重要的自然遗迹、自然生态系统、自然景观及其所承载的生态功能、自然资源和文化价值实施长期保护的陆域或海域）进行调整优化，评估调整后的自然保护地也应划入生态保护红线；当自然保护地发生调整时，生态保护红线也相应地进行调整。

生态保护红线内，自然保护地的核心保护区原则上不允许人为活动，其他区域严格禁止生产性、开发性建设活动，在符合现行法律法规的前提下，除国家重大战略项目外，只允许开展一些对生态功能不造成破坏的有限人为活动，主要包括图9-3所示的6种。

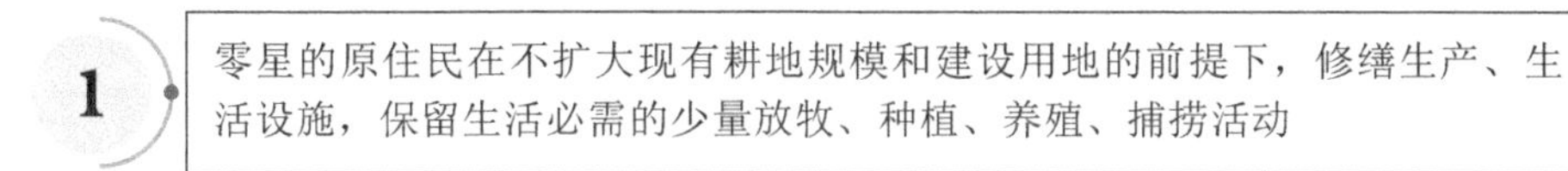

图9-3

生态环境、自然资源的监测及执法，包括水文水资源监测及涉水违法事件的查处等活动；灾害防治和应急抢险的活动

经依法批准进行的非破坏性科学标本采集和研究观测；经依法批准的文物保护活动、考古调查发掘

不破坏生态功能的适度参观旅游及其相关的必要公共设施的建设；必须且无法避让的、符合县级以上国土空间规划的防洪供水设施建设与运行维护、线性基础设施建设

重要的生态修复工程

图9-3　生态保护红线内允许的人为活动

2.调整区域土地利用的方向和布局

我国农业现代化、城镇化、工业化发展非常迅速，农村发展不充分、不平衡的问题严峻，耕地保护碎片化、资源利用率低、可用土地空间布局散乱的问题也日趋严重。为此，我国提出了“山、水、林、田、湖、草”系统治理的理念，在该理念的指导下加快推进全域土地的综合整治、生态修复工程，通过创新土地管理模式，联动生态修复，努力构建“建设用地集中集聚、农田集中连片、空间形态高效集约”的国土空间新格局，以助推乡村振兴战略的实施。具体措施如图9-4所示。

全面调查优化储备耕地利用率、高标准农田建设、耕地质量提升、建设用地拆旧复垦等土地后备资源，以区（县、市）为单位建立完善项目储备库

对土地利用进行规划，合理划定产业发展、农业生产、村庄建设及生态保护等功能分区，对各类用地的空间布局和规模数量做出合理的安排

开展农业用地整治工作，按照适度规模经营及现代农业生产的需要，统筹推进农田基础设施建设、高标准农田的建设、耕地储备资源开发、耕地质量提升

推进建设用地整治工作，充分运用市场机制盘活低效土地、存量土地，深化农村宅基地制度的改革，完善城乡建设用地的增减挂钩政策

实施生态整治修复机制，结合“山、水、林、田、湖、草”系统治理的新理念，进行三旧改造及美丽乡村建设，统筹推进违建违拆、矿山复绿及治水治田等工作，以确保整治、修复生态环境，打造“山、水、林、田、湖、草”的生命共同体

图9-4　生态修复与土地新模式之间的融合发展

3. 以自然恢复为主，提升生态系统的固碳能力

我们若要提升生态系统的固碳能力，必须要重视生态系统在碳汇、固碳和适应气候变化方面的潜力，借助自然的力量，改善人与自然的关系。具体措施如图9-5所示。

坚持系统观念，加快构建以国家公园为主体的自然保护地体系，科学开展山、水、林、田、湖、草、沙一体化保护修复，探索开展低碳型全域土地综合整治试点，推进历史遗留矿山的生态修复，推进石漠化、荒漠化、水土流失的综合治理，开展国土绿化行动

注重土地利用与土地覆盖变化对固碳的影响，加强蓝色海湾的整治，加强生态廊道建设和生物多样性保护，提升森林、荒漠、湿地、草原、农田、荒漠等陆地生态系统和海草床、红树林等海洋生态系统的碳汇能力，增强生态系统的固碳能力

图9-5　提升生态系统固碳能力的措施

4. 加强科学技术支撑，提升生态系统的监测评估能力

加强自然生态系统生态功能的监测与评估，推动“绿水青山”变成“金山银山”，可从图9-6所示两方面来努力。

针对国土空间生态修复机理认知、空间优化、生态系统服务定位、空间优化等，构建面向碳中和的生态修复核心理论体系，加强退化土地修复、空间的优化、山水林田湖草空间重构和系统修复、生物多样性提升等方面的关键技术攻关，逐步构建国土空间生态修复基础理论、技术攻关、试验示范、推广应用全链条一体化

建设集地面站点、雷达、遥感等天空地协同一体化数据监测体系，完善数据和信息共享的机制，开展森林、荒漠、湿地、草原、农田、海洋等生态系统的长期动态监测，丰富生态系统的碳通量监测、碳循环模拟等内容，建立健全生态系统碳排放监测、核算、报告体系，科学地评估国土空间生态修复对碳达峰、碳中和的贡献

图9-6　增强生态系统监测评估能力的措施

三、构建生态城市

我们要建设人与自然和谐共生的生命共同体，必须把保护城市生态环境摆在更加突出的位置，科学合理地规划城市的生态空间、生产空间、生活空间，处理好城市生产生活和生态环境保护之间的关系。具体措施如图9-7所示。

优化城市内部格局，扩大城市发展容量，统筹城市生态空间、生产空间、生活空间，协调与城市周边区域的发展和生态环境一体化管控，在老城区进行生态改造，构建空间均衡的、渗透全城的生态空间

加强绿色基础设施的建设，科学开展城市生态修复活动，推动生态修复自然化、绿化植物本土化，构建以提高生态服务功能、生物多样性为目标导向的生态修复体系，提升城市生物多样性保护、气候调节、环境净化、水文调节、休闲游憩等生态功能，提高城市韧性和生态安全保障的能力，为建设人与自然和谐共生的生命共同体提供有力支撑

图9-7　生态城市建设的措施

相关链接

首个碳汇城市指标体系发布

中国绿色碳汇基金会于2015年6月8日正式发布首个碳汇城市指标体系，并公布了首批碳汇城市名单。根据该碳汇城市指标体系，经过第三方机构的独立评估、审核，浙江省温州市泰顺县、河北省张家口市崇礼区均达到碳汇城市的合格标准。中国绿色碳汇基金会授予了这两个县“碳汇城市”的称号。

首个碳汇城市指标体系是以国家低碳发展、生态优先、节能减排的要求为前提，以科学性、可比性、客观性、可操作性为选取指标体系构建原则，以碳汇和碳源为主线，结合城市的制度建设、经济发展、生态文明建设研制而成的。

达到碳汇城市标准的地区，通常是森林覆盖率高、生态产品多、碳汇量大、碳排放量低、高排放企业少、环境优美但经济相对欠发达的地区。

研制碳汇城市指标体系的目的是探索将“绿水青山变成金山银山”的有效途径。

如国家的生态补偿政策向碳汇城市倾斜，通过碳交易市场出售碳汇信用指标让当地民众增加收入等生态服务货币化、市场化形式；开展生态服务型经济研究和实践，以鼓励更多的城市朝低排放、高碳汇、环境美、生态好的方向努力。

该指标体系设置了一些创新指标。由于碳汇涉及土地利用变化、农林业、湿地保护等方面的内容，而碳源涉及能源排放、垃圾处理、建筑材料和施工排放等的城市废弃物，以及国家的统计指标不够完善等多种因素，该体系设置了“汇/源”比这一重要指标，分半山区、山区、丘陵、平原等不同地貌进行测算。

四、发展蓝色碳汇

海洋储存了地球上约93%的二氧化碳，是地球上最大的碳储存库，每年可储存大气中30%以上的二氧化碳，它对缓解全球气候变暖发挥了相当重要的作用。利用海洋活动、海洋生物吸收大气中的二氧化碳，并将其固定、储存在海洋的过程、活动、机制被称为蓝碳。

1.蓝碳的由来

蓝碳的概念来源于2009年联合国环境规划署、联合国粮农组织、联合国教科文组织政府间海洋学委员会联合发布的《蓝碳：健康海洋固碳作用的评估报告》，报告特别指出蓝碳就是那些固定在红树林、海草床、盐沼等海洋生态系统中的碳。而这些能够固碳、储碳的滨海生态系统就是滨海蓝碳生态系统，红树林、海草床、滨海盐沼并称三大滨海蓝碳生态系统，有研究表明，大型海藻、贝类乃至微型生物也能高效地固定并储存二氧化碳。如图9-8所示。

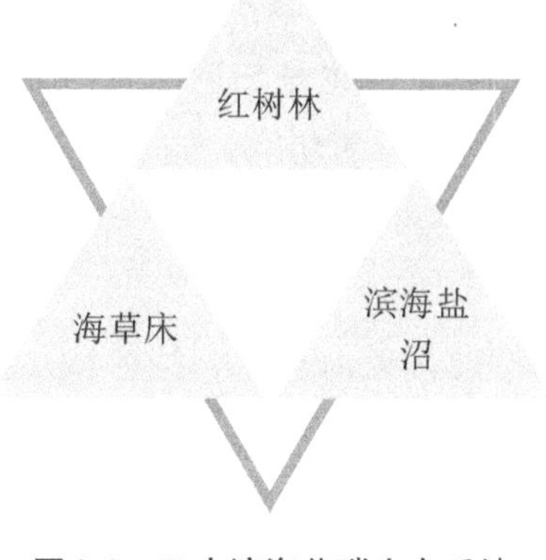

图9-8　三大滨海蓝碳生态系统

2. 滨海蓝碳生态系统的作用

海草床、红树林、盐沼等三大滨海蓝碳生态系统，能够捕获和储存大量的二氧化碳，具有极高的固碳效率。虽然这三类生态系统的覆盖面积不到海床的0.5%，其植物生物量也只占陆地植物生物量的0.05%，但其碳储量却相当高，达海洋碳储量的50%以上，甚至高达71%。

资讯平台

据统计，包括河口和近海陆架在内的滨海蓝碳生态系统的年碳埋藏量为2.376亿吨，远远地高于深海的碳埋藏速率；这些生态系统单位面积的碳埋藏速率分别是陆地北方林、温带林、热带林的4.8倍、4.5倍、3.0 倍。比如，在美国北卡罗来纳州，一片0.25平方公里的滨海盐沼湿地的年碳埋藏量就相当于燃烧2.8万升汽油排放的二氧化碳。

具体而言，滨海蓝碳生态系统的碳储存在海草床、红树林、盐沼的土壤、地上活生物质（枝、干、叶）、地下活生物质（根）和非活体生物质（如枯死木、凋落物）中，与陆地生态系统中储存的碳一样，也是在相对较短的时间内（几年到几十年）被植物活体固定下来的碳。

与陆地生态系统存在碳饱和现象不同的是，滨海蓝碳生态系统土壤中固定的碳可大范围地、长时间地被埋藏，因此形成了巨大的碳储量。

除了强大的固碳储碳的碳汇能力之外，滨海蓝碳生态系统对于保护生物多样性也发挥了极其重要的作用。

比如，海草床、红树林、盐沼等滨海蓝碳生态系统通过减缓海岸侵蚀和保护岸线等方式来保护海岸带。

滨海蓝碳生态系统不仅能调节水质,为鱼类、贝类等海洋生物提供重要的栖息地，还是许多海洋濒危和珍稀物种的栖息地，也是邻近生态系统的养分来源，为重要的经济物种提供合适的生存空间，具有生态旅游的功能。

3. 我国蓝碳的发展潜力

我国作为世界上少数几个同时拥有海草床、红树林、盐沼这三大滨海蓝碳生态系统的国家之一，发展蓝碳的潜力非常大。

我国的海岸线很绵长，沿海地区广泛分布着海草床、红树林、盐沼这三大滨海蓝碳生态系统，生态总面积为1738 ～ 3965平方公里。

其中，海草床主要分布在黄渤海区和南海区，总面积约31 平方公里；红树林主要分布在广东、广西、海南和福建等地，总面积约300平方公里；滨海盐沼主要分布在长江口、黄河口、闽江口、辽河口等河口区域，总面积在1207 ～ 3434平方公里。

按全球平均值估算，我国海草床、红树林、盐沼这三大滨海蓝碳生态系统的年碳汇量为126.88万～ 307.74万吨二氧化碳。其中，海草床每年可埋藏3.2 万～ 5.7 万吨二氧化碳，红树林每年可埋藏27.16万吨二氧化碳，滨海盐沼每年可埋藏96.52万～ 274.88万吨二氧化碳，都具有巨大的固碳储碳潜能，是实现碳中和不可忽视的力量。

保护修复滨海蓝碳生态系统、发展蓝碳经济等，有助于我国提升生态系统碳汇能力，降低气候变化的负面影响，促进海洋生态养护水平提升和沿海地区可持续发展，从而为实现2060年的碳中和目标提供重要的支撑。

4.保护滨海蓝碳生态系统

当前，滨海蓝碳生态系统面临严峻挑战，以每年34万～ 98万公顷的速度遭受破坏。

据研究人员粗略估计，29% 的海草床、35% 的滨海盐沼、67% 的红树林受到破坏。如果这一趋势加剧，一百年后，30% ～ 40%的滨海盐沼和海草床以及红树林都会消失。

多年来，各国为促进经济发展，清除了许多滨海湿地植物，排干或清淤湿地，有些排干的潮汐盐沼变为农业用地，有些红树林变成了养殖池塘。被清出来的沉积物暴露在水或大气中，储存在沉积物中的碳和大气中的氧气结合形成二氧化碳或其他温室气体，被释放到大气和海洋之中。

被严重破坏的滨海生态系统不仅失去了碳汇的功能，甚至可能从碳汇变成碳源。除此之外，各国对滨海生物资源的过度利用、水体污染等人类活动还可能导致重要的生态系统服务功能丧失、滨海生态系统生物多样性降低。

那么，保护蓝碳生态系统，我们能做些什么？其实很简单。

比如，不在海边乱丢垃圾；不随意挖捕贝壳和螃蟹；不把污水直接排放到大海；积极参加红树林种植公益活动；积极参与保护蓝碳生态系统的科普讲座等。

相关链接

广东湛江开发出我国首个蓝碳交易项目

2021年4月，广东省湛江红树林造林项目通过了核证碳标准开发和管理组织的评审，成功注册为我国首个符合核证碳标准VCS（Voluntary Carbon Standard）和气候社区生物多样性标准CCB（Climate Community and Biodiversity）的红树林碳汇项目，并成为我国开发的首个蓝碳交易项目。

这一项目是在自然资源部等相关部门的支持下，由自然资源部第三海洋研究所组织并与广东湛江红树林国家级自然保护区管理局合作完成。该项目将保护区范围内2015～2019年期间种植的380公顷红树林按照VCS和CCB标准进行开发，预计在2015至2055年间产生16万吨二氧化碳减排量。

据介绍，VCS是全球最广泛的自愿性减排量认证标准，CCB是对碳汇项目减缓、适应气候变化、促进社区可持续发展和生物多样性保护的多重效益认证标准。

10

第十章
构建有效碳市场

我国作为发展中国家，面临的碳排放问题会更大、更复杂，因而需要构建一个有效的碳排放权交易市场，以市场化方式来促进碳减排和经济清洁低碳转型。可以说，碳排放权交易市场和碳定价，才是真正可持续的碳减排方式。

一、碳交易市场化

《碳排放权交易管理办法（试行）》于2021年2月1日正式施行，这意味着碳排放计划将在全国范围内开始实施。排放配额是指排放单位在特定时期内、特定区域可以合法排放二氧化碳的总量限额，也是经碳排放权交易主管部门核定、发放、被允许纳入碳排放权交易的企业在特定时期内二氧化碳的排放量，其单位以“吨”计，这是碳排放权市场交易的主要标的物。作为实现碳中和目标的重要工具，碳交易市场需关注的两个重要影响因素是碳排放配额和碳价。

相关链接

中国碳交易市场化的发展路线图

碳市场也就是碳排放权交易市场，其本质是环境领域的市场化。简而言之，政府根据碳减排目标，确定市场的碳排放限额目标，然后向企业分配碳排放权，企业拿到碳排放配额以后，通过碳减排或在碳市场进行交易的方式完成政府限额要求。

2011年10月，国家发展和改革委员会印发了《关于开展碳排放权交易试点工作的通知》，批准北京、上海、重庆、天津、湖北、广东、深圳等七省市开展碳交易试点。

2016年，福建省加入碳排放权交易试点，成为国内第8个碳排放市场交易试点。

2013年11月26日，上海碳排放交易市场率先启动交易。

2014年，国家发展和改革委员会发布《碳排放权交易管理暂行方法》，首次从国家层面上明确了全国统一的碳排放权交易市场总体框架。

2017年12月，国家发展和改革委员会发布《全国碳排放权交易市场建设方案（发电行业）》，标志着全国碳排放权交易市场完成了总体设计，开启了建设阶段。

2020年12月25日，生态环境部发布《碳排放权交易管理办法（试行）》，该办法于2021年2月1日起施行。

截至2021年4月，全国碳排放权交易市场明确八个高耗能行业于“十四五”期间逐步纳入，包括化工、石化、钢铁、有色、民航、电力、造纸、建材。首批2225家电力企业已经在全国碳排放权注册登记系统上进行登记开户。

二、碳配额

1.出台相应的政策

为做好发电行业碳配额的科学合理分配，生态环境部门已经先后出台了一系列的政策措施。

（1）生态环境部于2019年5月27日发布了《关于做好全国碳排放权交易市场发电行业重点排放单位名单和相关材料报送工作的通知》，要求各省级政府生态环境部门开展全国碳排放权交易市场发电行业重点排放单位名单和相关材料报送工作。

（2）生态环境部于2019年9月25日发布了《2019年发电行业重点排放单位（含自备电厂、热电联产）二氧化碳排放配额分配实施方案（试算版）》。

（3）生态环境部于2020年12月30日印发了《2019～2020年全国碳排放权交易配额总量设定与分配实施方案（发电行业）》（下称“实施方案”）与《纳入2019～2020年全国碳排放权交易配额管理的重点排放单位名单》，要求各省级单位填写发电行业重点排放单位配额预分配的相关数据。

2.配额分配的原则

作为碳排放权交易市场的核心机制，配额分配机制将遵循图10-1所示三方面的原则，实现对热电联产机组、超超临界机组、燃气机组等高线率低排放机组的正向激励。

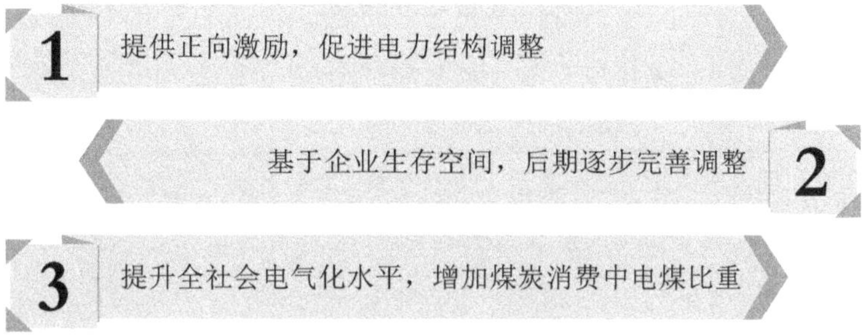

1 提供正向激励，促进电力结构调整

基于企业生存空间，后期逐步完善调整 2

3 提升全社会电气化水平，增加煤炭消费中电煤比重

图10-1　配额分配的原则

小提示

配额分配还应充分考虑到相对落后的机组在国民经济和电力系统中的地位，配额发放不宜过紧，应给予相关企业一定的生存空间，要逐步地予以淘汰。

3.配额的分配方式

《碳排放权交易管理办法（试行）》第十五条规定："碳排放配额分配以免费分配为主，可以根据国家有关要求适时引入有偿分配。"

《实施方案》中也明确了配额分配的方法："对2019～2020年配额实行全部免费分配，并采用基准法核算重点排放单位所拥有机组的配额量。重点排放单位的配额量为其所拥有各类机组配额量的总和。"

相关链接

《碳排放权交易管理办法（试行）》（节选）

第二章　温室气体重点排放单位

第八条　温室气体排放单位符合下列条件的，应当列入温室气体重点排放单位（以下简称重点排放单位）名录。

（一）属于全国碳排放权交易市场覆盖行业。

（二）年度温室气体排放量达到2.6万吨二氧化碳当量。

第九条　省级生态环境主管部门应当按照生态环境部的有关规定，确定本行政区域重点排放单位名录，向生态环境部报告，并向社会公开。

第十条　重点排放单位应当控制温室气体排放，报告碳排放数据，清缴碳排放配额，公开交易及相关活动信息，并接受生态环境主管部门的监督管理。

第十一条　存在下列情形之一的，确定名录的省级生态环境主管部门应当将相关温室气体排放单位从重点排放单位名录中移出。

（一）连续二年温室气体排放未达到2.6万吨二氧化碳当量的。

（二）因停业、关闭或者其他原因不再从事生产经营活动，因而不再排放温室气体的。

第十二条　温室气体排放单位申请纳入重点排放单位名录的，确定名录的省级生态环境主管部门应当进行核实；经核实符合本办法第八条规定条件的，应当将其纳入重点排放单位名录。

第十三条　纳入全国碳排放权交易市场的重点排放单位，不再参与地方碳排放权交易试点市场。

第三章　分配与登记

第十四条　生态环境部根据国家温室气体排放控制要求，综合考虑经济增长、产业结构调整、能源结构优化、大气污染物排放协同控制等因素，制定碳排放配额总量确定与分配方案。

省级生态环境主管部门应当根据生态环境部制定的碳排放配额总量确定与分配方案，向本行政区域内的重点排放单位分配规定年度的碳排放配额。

第十五条　碳排放配额分配以免费分配为主，可以根据国家有关要求适时引入有偿分配。

第十六条　省级生态环境主管部门确定碳排放配额后，应当书面通知重点排放单位。

重点排放单位对分配的碳排放配额有异议的，可以自接到通知之日起七个工作日内，向分配配额的省级生态环境主管部门申请复核；省级生态环境主管部门应当自接到复核申请之日起十个工作日内，做出复核决定。

第十七条　重点排放单位应当在全国碳排放权注册登记系统开立账户，进行相关业务操作。

第十八条　重点排放单位发生合并、分立等情形需要变更单位名称、碳排放配额等事项的，应当报经所在地省级生态环境主管部门审核后，向全国碳排放权注册登记机构申请变更登记。全国碳排放权注册登记机构应当通过全国碳排放权注册登记系统进行变更登记，并向社会公开。

第十九条　国家鼓励重点排放单位、机构和个人，出于减少温室气体排放等公益目的自愿注销其所持有的碳排放配额。

自愿注销的碳排放配额，在国家碳排放配额总量中予以等量核减，不再进行分配、登记或者交易。相关注销情况应当向社会公开。

第四章　排放交易

第二十条　全国碳排放权交易市场的交易产品为碳排放配额，生态环境部可以根据国家有关规定适时增加其他交易产品。

第二十一条　重点排放单位以及符合国家有关交易规则的机构和个人，是全国碳排放权交易市场的交易主体。

第二十二条　碳排放权交易应当通过全国碳排放权交易系统进行，可以采取协议转让、单向竞价或者其他符合规定的方式。

全国碳排放权交易机构应当按照生态环境部有关规定，采取有效措施，发挥全国碳排放权交易市场引导温室气体减排的作用，防止过度投机的交易行为，维护市场健康发展。

第二十三条　全国碳排放权注册登记机构应当根据全国碳排放权交易机构提供的成交结果，通过全国碳排放权注册登记系统为交易主体及时更新相关信息。

第二十四条　全国碳排放权注册登记机构和全国碳排放权交易机构应当按照国家有关规定，实现数据及时、准确、安全交换。

第五章　排放核查与配额清缴

第二十五条　重点排放单位应当根据生态环境部制定的温室气体排放核算与报告技术规范，编制该单位上一年度的温室气体排放报告，载明排放量，并于每年3月31日前报生产经营场所所在地的省级生态环境主管部门。排放报告所涉数据的原始记录和管理台账应当至少保存五年。

重点排放单位对温室气体排放报告的真实性、完整性、准确性负责。

重点排放单位编制的年度温室气体排放报告应当定期公开，接受社会监督，涉及国家秘密和商业秘密的除外。

第二十六条　省级生态环境主管部门应当组织开展对重点排放单位温室气体排放报告的核查，并将核查结果告知重点排放单位。核查结果应当作为重点排放单位碳排放配额清缴依据。

省级生态环境主管部门可以通过政府购买服务的方式委托技术服务机构提供核查服务。技术服务机构应当对提交的核查结果的真实性、完整性和准确性负责。

第二十七条　重点排放单位对核查结果有异议的，可以自被告知核查结果之日起七个工作日内，向组织核查的省级生态环境主管部门申请复核；省级生态环境主管部门应当自接到复核申请之日起十个工作日内，做出复核决定。

第二十八条　重点排放单位应当在生态环境部规定的时限内，向分配配额的省级生态环境主管部门清缴上年度的碳排放配额。清缴量应当大于等于省级生态环境主管部门核查结果确认的该单位上年度温室气体实际排放量。

第二十九条　重点排放单位每年可以使用国家核证自愿减排量抵消碳排放配额的清缴，抵消比例不得超过应清缴碳排放配额的5%。相关规定由生态环境部另行制定。

用于抵消的国家核证自愿减排量，不得来自纳入全国碳排放权交易市场配额管理的减排项目。

三、碳定价

在市场层面，我们要充分发挥碳排放权交易市场的定价作用。只有对碳排放合理进行定价，才能引导碳排放资源合理配置。

碳定价是指通过对排放的二氧化碳定价，确定二氧化碳排放主体应为排放一定量的二氧化碳的权利支付多少费用的方法。碳定价有助于把二氧化碳排放造成的破坏或损失转回给责任方且有能力减排的相关方，从而引导生产、消费和投资向低碳方向转型。碳定价有碳税和碳排放权交易两种形式，2019年全球通过碳定价机制募集的资金总额高达450亿美元。2021年全球共有31项碳排放权交易体系和30项碳税体系，总计涉及120亿吨二氧化碳，约占全球温室气体排放量的22%。

运作良好的市场通常需要一个有效的价格机制及很高的市场参与度。我国是世界上最大的发展中国家，有着最具潜力的碳排放权交易市场。但从近几年8个省碳排放权交易试点的发展来看，完善价格机制是碳排放权交易市场的首要任务和成功的关键。有效的碳排放权交易市场离不开各方的积极参与，目前八大试点都以电力行业作为主要参与对象，然后才逐渐扩展到其他领域，但所涉及的企业仍然较少，再加上准入门槛的限制，碳排放权交易市场的活跃度并不高。所以，我国需要以2060年碳中和目标为契机，吸引更多的投资者和专业人员，同时投入更多的交易产品，以提高碳排放权交易市场的有效性。

四、碳金融体系

“30碳达峰/60碳中和目标”的实现需要巨大的资金投入，而面对如此巨大的资金需求，仅仅依靠政府资金是不可能获得发展的，因此需要包括金融体系在内的市场资金充分参与，我国绿色金融的路线图也因此正在逐渐清晰。

1. 发力顶层设计

人民银行于2021年3月把绿色金融确定为当年和“十四五”时期的一项重点工作。未来的重点工作之一，就是完善绿色金融标准体系。

依据人民银行等七部委于2016 年8 月发布的《关于构建绿色金融体系的指导意见》，绿色金融被定义为“为支持环境改善、应对气候变化和资源节约高效利用的经济活动，即对环保、节能、清洁能源、绿色交通、绿色建筑等领域的项目投融资、项目运营、风险管理等所提供的金融服务。”

绿色金融体系则被定义为“通过绿色信贷、绿色债券、绿色股票指数和相关产品、绿色发展基金、绿色保险、碳金融等金融工具和相关政策支持经济向绿色化转型的制度安排。”

在绿色金融标准体系构建方面，央行主要遵循“国内统一、国际接轨”的原则。人民银行于2018 年起便与发展改革委、证监会等部委多次进行协商，已经达成基本共识，将绿色债券目录进行了统一。中国人民银行、国家发改委、证监会于2021 年4 月2 日联合发布了《关于印发〈绿色债券支持项目目录（2021年版）〉的通知》，并随文发布《绿色债券支持项目目录（2021年版）》，自2021年7月1日起施行。新的绿色债券目录的正式印发，彰显着我国在绿色标准上与国际接轨。

2. 发展转型金融

多项研究认为，我国实现“30碳达峰/60碳中和目标”需要的投资规模在100万亿元以上。如此巨量规模的投资，政府提供资金支持只占10%左右，其他则依赖于社会资本。碳达峰和碳中和目标的实现，必然需要借助金融手段来实现。

资讯平台

2020年末，我国本外币绿色贷款余额约12万亿元（约合2万亿美元），存量规模居世界第一；绿色债券存量约8000亿元（约合1300亿美元），存量规模居世界第二。

另据CBI（California Bureau of Investigation，美国加利福尼亚州立调查机构）统计，在绿色债券累计发行规模方面，2019年的全球绿色债券同比2018年增加51%，发行量居前三名的国家为美国、中国、法国，其发行量分别为513 亿美元、313 亿美元、201 亿美元。

在我国信贷300多万亿元的总体规模中，绿色信贷在其中也就是九牛一毛。在2030年碳达峰、2060年碳中和目标的硬约束下，大量的资金缺口将来自转型资金。因为绿色金融有国际共识和严格标准，是刚性的，相关各方遵守。很多行业，如钢铁行业，面临着巨大的转型投资需求，但并不符合绿色金融标准。对这一状况，我们可以发展转型金融去支持此类行业，因为转型金融允许投资到高环境、高碳影响的行业，但是需要制定一个清晰的减碳、转型路径，并严格地、持续地开展环境信息披露。转型金融的意义就是大大提高了金融行业对于气候和环境友好型项目的支持力度，这些项目未必是绿色的，但符合转型要求，是有利于改善生态环境、减缓气候变化的。

3.开展绿色金融业务

碳达峰、碳中和目标的实现任重道远，绿色金融在其中可以发挥很重要的作用。

目前部分大的银行和股份制银行在这方面都做得不错，部分银行已经建立起了绿色金融的专营机构、专业部门和专业团队，将诸如环境、水利、治沙、造林等领域的专业人才聚集起来，再与金融团队形成协同效应。

比如，交通银行升级了绿色信贷政策体系，具体内容包括：实施“有扶有控”差异化信贷策略以支持制造业、能源等低碳绿色转型发展；对碳排放量大的重点行业进行存量业务排查和梳理，推动这些行业进行结构优化；加强绿色信贷政策的跟踪和业务指导，优化碳达峰、碳中和等相关信贷的策略。

建设银行在开展绿色金融业务方面也做得相当不错：在组织推动方面，将绿色金融业务目标纳入了年度综合经营计划，并将目标分解到各条线、各分行，使之更具可执行性；在资源配置方面，将绿色信贷纳入贷款规模配置重点领域；在考核评价方面，将绿色信贷指标列入年度KPI业绩考核体系。

近年来，部分大中型银行在绿色金融方面都进行了积极的探索，通过综合运用绿色信贷、绿色资产支持证券、绿色债券、绿色信托、绿色租赁等金融工具，相继推出创新的绿色金融产品和服务，涉及领域包括清洁能源、节能减排、污染防治和清洁交通等。

截至2020年末，国有六大行绿色贷款余额共计达6.27万亿元，约为当前国内全部存量的一半。其中，建设银行、农业银行、工商银行的绿色贷款余额均超过1万亿元。

股份制银行中，诸如浦发银行、兴业银行、招商银行、恒丰银行、华夏银行等，也占据了一定的市场份额。其中兴业银行表现非常抢眼，截至2020年末，该行的绿色融资余额达1.16万亿元，企业客户有2.64万户。

与此同时，部分中小银行也积极参与绿色金融业务。据不完全统计，南京银行、杭州银行、江苏银行、湖州银行、甘肃银行等部分中小银行近几年来也在积极开展绿色金融产品创新，在实现特色经营的同时寻找利润增长点。

11

第十一章
碳捕集、利用与封存

我国能源系统的规模非常庞大，需求也呈多样化，从兼顾实现碳中和目标和保障能源安全的角度考虑，碳捕集、利用与封存技术是我国实现2030年碳达峰与2060年碳中和目标的重要手段，是未来大规模地减少温室气体排放、减缓全球变暖最可行的、最经济的方法。

一、碳捕集、利用与封存的概念

碳捕集、利用与封存（Carbon Capture，Utilization and Storage，CCUS）也被译作碳捕获与埋存、碳收集与储存等，是指将二氧化碳从工业排放源中分离后或直接加以利用或封存，避免其排放到大气中，以实现二氧化碳减排的一种技术。CCUS是一种大规模的二氧化碳减排技术，被国际能源机构定义为“连接现在和未来能源的桥梁”。

二、碳捕集、利用与封存的技术

CCUS可以捕集发电和工业过程中使用化石燃料所产生的二氧化碳，防止其排入大气中，并将捕集到的二氧化碳进行提纯，并投入到新的生产过程中，以实现循环再利用。该技术被认为是解决我国以煤、油为主能源体系的低碳化发展的主要技术手段。如图11-1所示。

1. 碳捕获

碳捕获技术是指通过化学反应捕获煤燃烧过程中产生的二氧化碳的技术。我们运用这一技术可以从工业废气流（点源碳捕获）以及直接从大气（直接空气捕获）捕获二氧化碳。一般来说，从二氧化碳浓度较高的点源最容易捕获二氧化碳。基本上所有工业规模的二氧化碳捕获项目都是基于点源碳捕获。直接从空气中捕获二氧化碳的技术成本更高、技术还不成熟，但它有潜力更积极地从大气中去除二氧化碳，因而是将来发展的方向。

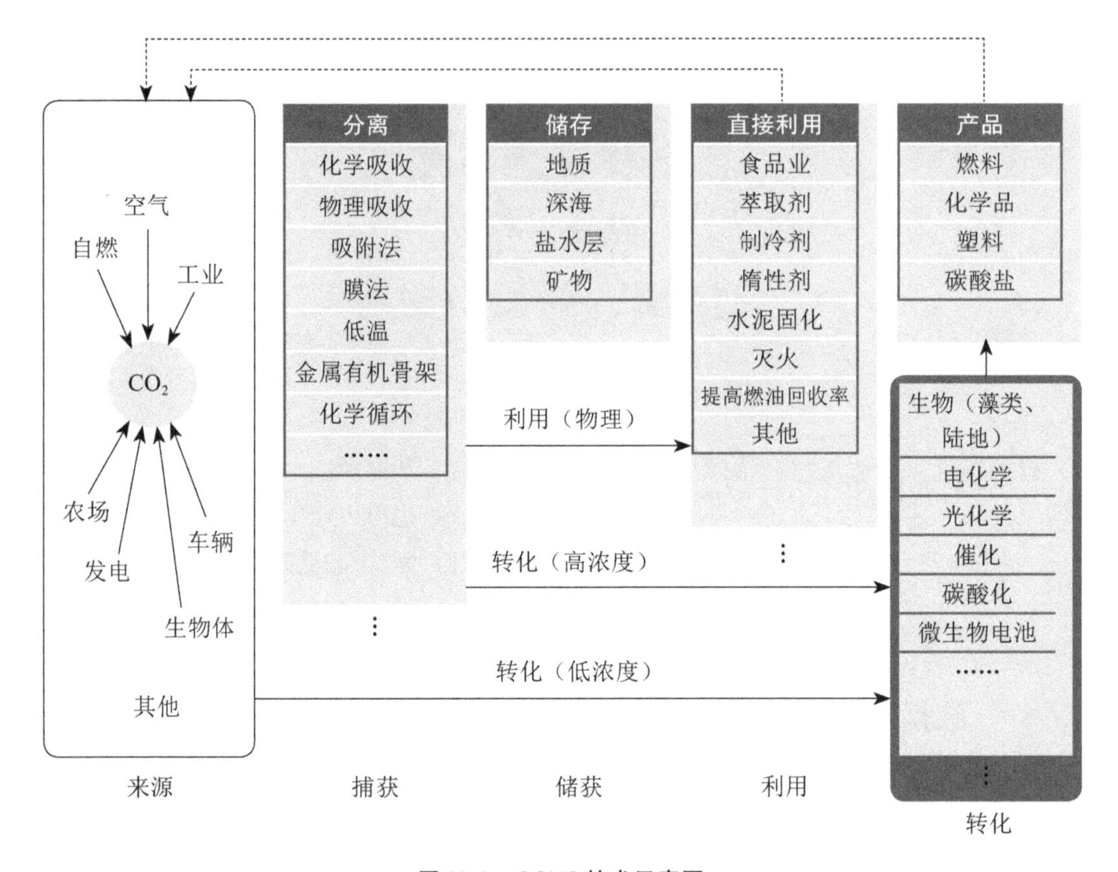

图11-1　CCUS技术示意图

2.碳利用

尽管目前捕获的几乎所有二氧化碳都储存于地下深处，或存于专门的地质储存点，或用于提高石油采收率（EOR），事实上，二氧化碳还是广泛工业应用的潜在原料。二氧化碳是一种多用途分子，可以通过化学方法转化为多种产品，如建筑材料、燃料、聚合物、化学品等。二氧化碳的资源化利用技术有合成高纯一氧化碳、超临界二氧化碳萃取、烟丝膨化、化肥生产、焊接保护气、灭火器、粉煤输送、培养海藻、油田驱油、合成可降解塑料、改善盐碱水质、饮料添加剂、食品保鲜和储存等。其中合成可降解塑料和油田驱油技术产业化的应用前景非常广阔。

3.碳封存

碳封存（也称为碳储存或二氧化碳清除）是对二氧化碳的长期清除或封存，将所捕获的二氧化碳封存在油田、气田、咸水层和不可开采的煤层等地下层，或将二氧化碳通过轮船或管道运输到深海海底进行封存。由于二氧化碳的排放量远远超过了目前的二氧化碳的利用能力，因此，碳封存很可能仍将在未来的减排计划中发挥着重要作用。

资讯平台

根据全球碳捕集与封存研究院发布的《全球碳捕集与封存现状》，目前总计有65座商业CCS（碳捕集与封存）设施，每年可捕集和永久封存约4000万吨二氧化碳。CCS净零排放贡献巨大，分别为钢铁、水泥、化工、发电等部门减排量贡献16%～90%不等。

近10年来，我国能源央企在CCUS领域开展了多种尝试。其中，在捕集、封存方面，国家能源集团于2011 年在内蒙古鄂尔多斯建成亚洲首个10万吨级全流程二氧化碳捕集—封存示范工程，目前共计注入超过30万吨二氧化碳；华能集团先后研制出世界第一座燃煤电厂12万吨/年二氧化碳捕集装置、我国第一座燃煤电厂二氧化碳捕集装置、我国第一套燃气烟气二氧化碳捕集装置等。在碳利用方面，中国石油集团陆续在吉林、大庆、冀东、长庆、新疆油田开展CCUS示范，累计注入400万吨二氧化碳，吉林油田年埋存能力达40万吨，提高原油采收率10%以上。

我国在碳捕集、利用及封存等多个技术环节已经取得了很大的进步，关键技术实现了重大突破，经过示范工程的推广，现已具备了技术工业化的应用能力。截至2021年4月，国内已经建成了9个万吨级二氧化碳捕集装置和2个10万吨级燃煤电厂二氧化碳捕集装置，其中最大的15万吨/年捕集装置正处于调试阶段；除此之外，还开展了6个5万～20万吨级不等的驱油封存示范工程 和1个10万吨级陆上咸水层二氧化碳封存示范项目。

三、碳捕集、利用与封存的应用

碳捕集利用与封存（CCUS）技术是我国实现2030年碳达峰与2060年碳中和愿景目标的技术组合中的重要部分。国际能源署（IEA）研究报告指出，CCUS技术是唯一能够在发电和工业过程中大幅度地减少化石燃料碳排放量的解决方案，预计至2060年全球累计碳减排量的14%将来自CCUS技术，到2100年CCUS技术的减排贡献将达32%。

1.CCUS的技术路径

CCUS上游的碳捕集方面，主要有图11-2所示的3种技术路径。

图11-2中所示的燃烧前捕集技术只能用于新建发电厂，另两种技术则可同时应用于新建和已投产的发电厂、化工厂等。

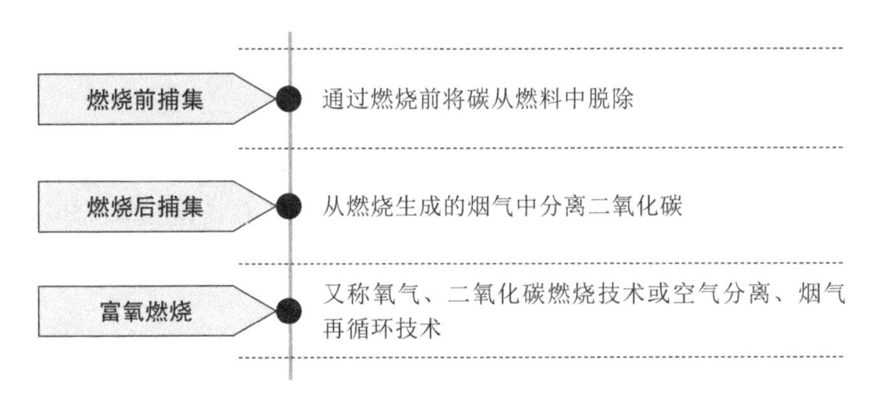

图 11-2　CCUS上游的碳捕集的技术路径

2.CCUS的应用领域

CCUS技术的应用可有效改善碳排放问题，涉及的领域包括物理应用、化学应用和生物应用等，具体如表11-1所示。

表 11-1　碳捕集的主要应用领域

序号	应用领域	具体说明
1	物理应用	（1）在啤酒、碳酸饮料中的应用 （2）石油三采的驱油剂 （3）焊接工艺中的惰性气体保护焊 （4）将液体、固体CO_2的冷量用于食品蔬菜的冷藏、储运 （5）在果蔬的自然降氧、气调保鲜剂，以及用于超临界CO_2萃取等行业中
2	化学应用	化学方面主要表现在无机和有机精细化学品、高分子材料等的研究应用上，如以CO_2为原料合成尿素、生产轻质纳米级超细活性碳酸盐；CO_2催化加氢制取甲醇；以CO_2为原料的一系列有机原料的合成；CO_2与环氧化物共聚生产的高聚物；通过CO_2转化为CO，从而发展一系列羟基化碳化学品等
3	生物应用	生物应用方面包括以微藻固定CO_2转化为生物燃料和化学品、生物肥料及食品和饲料添加剂等

四、碳捕集、利用与封存的意义

在为完成碳中和目标背景下，发展CCUS技术具有多重协同效益，具体如图11-3所示。

1　CCUS是实现我国长期低碳发展的重要选择

2　CCUS是实现我国煤基能源系统低碳转型的必然选择

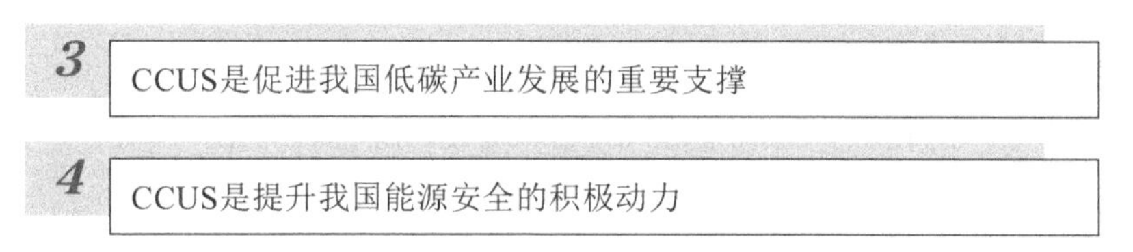

图11-3　发展CCUS技术的多重协同效益

1.CCUS是实现我国长期低碳发展的重要选择

国际上将碳捕集与封存技术作为实现长期绝对减排的重要措施。在国际能源署（IEA）的全球变暖2℃情景下，到2050年，CCUS技术贡献1/6的减排量；2015～2050年间，CCUS技术的运用将累计减排占全球总累计减排量的14%，其中我国CCUS技术的减排贡献约占1/3。根据西北太平洋实验室及中国科学院武汉岩土力学研究所的测算，我国当前有超过1600个大型的二氧化碳排放源，包括钢铁厂、火电厂、水泥厂等，技术上可实现的碳捕集量超过38亿吨二氧化碳，而通过强化采油、驱煤层气和盐水层封存等方式可封存的容量分别为10亿吨、10亿吨和1000亿吨二氧化碳。

除此之外，我国碳源、碳汇匹配条件好，90%以上的大型碳源距潜在封存地在200千米以内。

2.CCUS是实现我国煤基能源系统低碳转型的必然选择

我国目前的能源结构以煤为主，虽然近些年国家已经采取了极为严格的控煤措施并取得了显著成效，但预计在未来相当长时间内，煤炭消费总量仍将维持相当的规模。

比如，从发电用能结构来看，即便煤炭占比以每年2%的速度下降，降到30%仍需要15～20年的时间。

CCUS技术同煤基能源的发展具有很好的耦合性，尤其在火力发电、煤化工等行业，尽管当前它的实施成本仍非常高，但如果碳排放的外部成本能被充分考虑并实现其内部化，将极大地提升CCUS技术在这些行业的应用空间。

3.CCUS是促进我国低碳产业发展的重要支撑

尽管我国CCUS技术的发展起步较晚，但国家非常重视CCUS技术的研发和示范，过去十几年投入了大量的科研经费，以推动CCUS技术水平不断提升。在碳捕集、利用和封存各个环节的技术水平上，我国已经与发达国家处于同一水平线。

据2019版中国CCUS路线图预测，CCUS技术有望在2030年构建形成的化石能源与可再生能源协同互补的多元供能体系中发挥至关重要的作用，届时，每年的二氧化碳捕集、利用与封存能力将达到2000万吨，到2050年将达到8亿吨/年，将为我国碳达峰和碳中和目标的实现提供有力支撑。

近年来，我国的CCUS技术研发非常活跃，专利申请量和学术论文发表量都在快速地增长，已经成为全球CCUS科技创新的重要力量。我国通过CCUS示范项目，也积累了丰富的CCUS集成运行经验。其中我国已建成的示范装置覆盖了燃煤电厂的燃烧前与燃烧后和富氧燃烧捕集技术、煤化工的捕集技术、水泥窑尾气的燃烧后捕集技术、燃气电厂的燃烧后捕集技术等多种技术。

未来我国若能进一步加大CCUS技术示范力度，不断降低技术的应用成本，逐步实现技术的规模化应用，则不仅有助于我国在低碳技术领域占据国际制高点，还能带动相关低碳产业的发展。

4.CCUS是提升我国能源安全的积极动力

我国政府特别强调要加强二氧化碳的利用，以此来提升碳减排对经济社会发展的贡献。当前，二氧化碳强化石油开采技术（CO_2-EOR）和二氧化碳强化驱煤层气（CO_2-ECBM）是我国利用二氧化碳的主要方式，对我国实现油田稳产、增产，提升煤层气的开采和利用量都具有重要意义。

我国已将二氧化碳强化采油（CO_2-EOR）技术应用于多个驱油与封存示范项目，2007年至2019年已累计注入约200万吨二氧化碳，已完成100万吨/年输送规模管道项目的初步设计，完成包括合成可降解聚合物技术、合成有机碳酸酯技术、重整制备合成气技术在内的二氧化碳化工利用技术示范。

如果CO_2-EOR技术得到广泛应用，那么我们可在实现大幅碳减排的同时提高石油生产量，这不仅有利于提升油气产业的经济效益，更有助于降低石油对外依存度，从而更好地应对能源安全挑战。

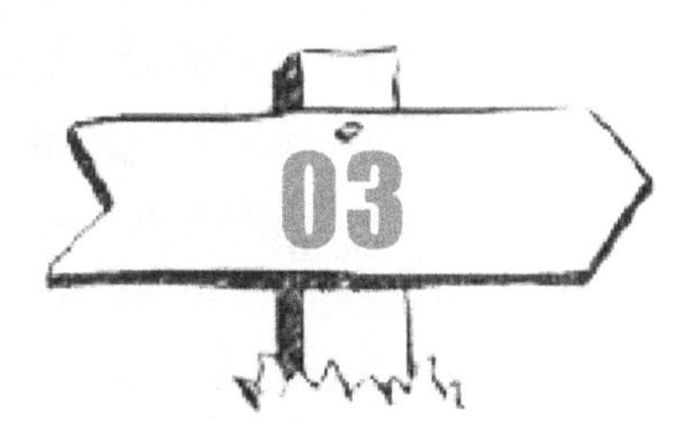

第三部分
实践篇

12

第十二章 交通运输业碳中和实践

交通运输行业是全球第二大碳排放源，也是各国碳中和行动的关注重点，对我国实现碳达峰目标与碳中和愿景有重要影响。

一、交通运输业的认知

交通运输业是指使用运输工具将货物或者旅客送达目的地，使其空间位置得到转移的业务活动，具体包括图12-1所示的4种交通方式。

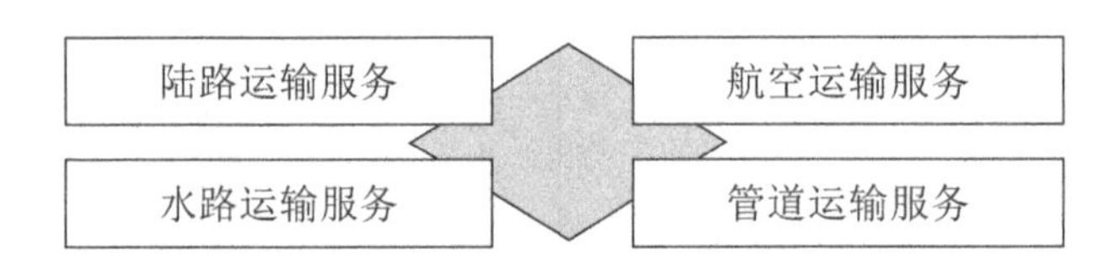

图12-1　交通运输的4种方式

二、交通运输业碳排放现状

作为节能减碳的重要一环，交通行业碳排放在总体碳排放中的占比约为10%，仅次于电力和工业。2018年，交通运输行业碳排放量占比为9.6%，仅次于电力热能行业的51.4%和工业的28.0%。其中，公路是碳排放量最高的领域，占比高达77%；航空的碳排放量占比为10%，水运的碳排放量占比为9%，铁路的碳排放量占比为4%。

截止到2021年3月，交通运输行业的碳排放量过去9年年均增速为5%以上，预计到2025年还要增加50%。

随着煤炭、水泥、钢铁等大宗散货产销逐步达峰，其运输周转量将出现下降，加之运输结构的持续优化，交通运输领域有望在2025年左右提前迎来碳达峰。

对此，《国家综合立体交通网规划纲要》明确提出，加快推进绿色低碳发展，交通领域二氧化碳排放尽早达峰，降低污染物及温室气体排放强度；《农村公路中长期发展纲要》也提出，强化运输装备节能低碳、经济环保，实现农村公路与自然生态和谐共生。

三、交通运输业碳中和路径

推动交通运输领域做好碳达峰、碳中和相关工作，是加速行业绿色低碳转型、推动交通运输高质量发展的重要抓手，也应成为交通运输领域新业态的共同努力方向。

1.清洁能源的广泛利用

在交通运输行业，通过节能增效、交通方式转型等方式可以实现大约30%的碳减排量。但如果要实现行业整体的碳中和，就需要清洁能源全面替代传统化石能源才行。

而与电力、工业和建筑行业不同，交通运输业大多难以直接使用风、光等清洁能源，必须将清洁能源转换成可以储存、运输的形式，使其成为交通运输业能够直接使用的“绿色燃料”，才能满足深度减排以及净零排放的目标。但交通行业中不同的交通方式，对“绿色燃料”的使用要求也不尽相同。

目前，基于完善的电力基础设施和电池技术快速进步的推动，电能在交通运输业已经得到了大规模的应用，并且成了铁路和道路交通最主要的清洁能源替代方式。动力电池由于体积大、重量大，并不适用于部分航空和船运场景，因此这两种交通方式需要更多地依靠氢能、氨气和生物质等其他新型能源来满足供能需求。

在新一轮科技革命的影响下，怎样利用新技术推动新能源汽车和智慧城市、智能交通、清洁能源体系、信息通信产业的融合发展，整体提升交通运输融合创新能力，已成为节能减碳的关键。

鉴于此，在2060年实现碳中和的目标下，交通运输业将根据不同交通方式的特征，依托多种清洁能源实现净零碳发展，其措施如图12-2所示。

1　以清洁电力为基础的动力电池应用于以道路交通为主的小型、轻型交通和铁路

2　氢能（或氨气）应用于重型道路交通和海运等

3　生物质能源主要应用于远程航空领域

图12-2　清洁能源实现净零碳发展的措施

小提示

未来整个交通链条，包括交通制造、数字交通、能源供给、超级计算，都将纳入新技术、新模式、新业态的范畴，以“双碳”为牵引，将激发交通链条中各个要素的升级迭代，到碳达峰乃至碳中和那一天，整个交通系统将发生翻天覆地的变化。

2.推动交通部门电气化

在交通运输行业快速增长的二氧化碳排放中，道路交通占主导地位，其碳排放量占比高达75%。未来的城市交通将由多元化、多层次的城市轨道交通（轻轨、地铁等）、公共交通中出租车和公交车等、个人交通中货运交通和个人交通等交织构成，向外衔接城际高铁交通网络，形成立体高效的交通体系。因此，大规模地普及新能源汽车，实施全面电气化是落实交通运输行业碳减排的最根本保障。具体措施如图12-3所示。

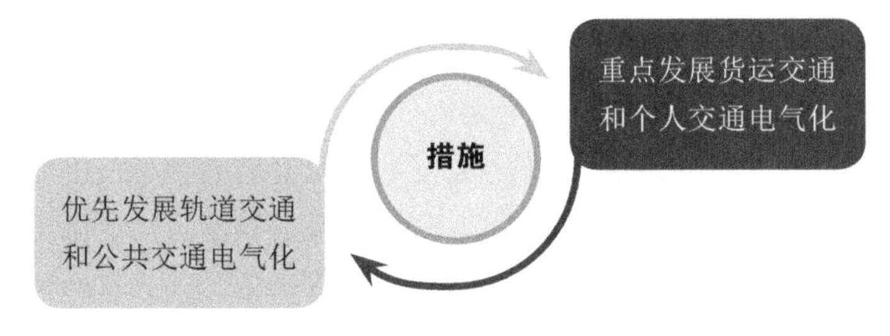

图12-3 推动交通部门电气化的具体措施

（1）优先发展轨道交通和公共交通电气化。轨道交通和公共交通的单位运量能耗低、运量大。在一些国际发达城市，城市轨道交通的客运量占城市公共交通客运总量的比例可达80%，适合优先发展。目前，我国高铁和地铁基本上全部实现电力牵引，公交车、出租车等公共交通方面也已取得了全面电气化的运营实践经验。

比如，优先推进能源结构优化和产业转型升级的深圳市，通过充分发挥市场机制的作用率先实现了碳排放达峰。深圳于2017年12月就已宣布全市专营公交车辆全部实现纯电动化。深圳也由此在全国甚至全球特大型城市中，成为首个实现公交全面纯电动化的城市。

纯电动出租车较传统汽油车节能减排达69.5%。2018年底，深圳全市2万多辆纯电动出租车一年可减少的碳排放量就达85.6万吨，这相当于深圳6个梧桐山风景区绿色植被一年的二氧化碳吸收量。

（2）重点发展货运交通和个人交通电气化。货运物流车、通信车、环卫车等专用领域用车占用的道路资源多，排放水平比较高。私家车的大规模增长也是城市交通拥堵、污染严重的主要原因之一。因此，推动这两个领域的电气化发展是实现绿色交通、减少碳排放量的重点。

据有关专家测算，如果我国的乘用车绝大部分采用电力驱动，而且车辆与电网互动的V2G技术若能得到普及，完全可以发挥对电网抑峰填谷的作用，这将为全社会节约大量能源，大量减少碳排放。因此，新能源汽车的普及应用，将使汽车成为可移动的机动能源单元，成为减少全社会碳排放量的主要途径。

3.进一步降低传统燃油车油耗

《节能与新能源汽车技术路线图2.0》已明确以下事项：到2025年，乘用车（含新能源）的新车油耗要降到4.6L/100km（WLTC），货车油耗较2019年要降低8%以上，客车油耗较2019年降低10%以上；到2030年，乘用车（含新能源）的新车油耗要降到3.2L/100km（WLTC），货车油耗较2019年降低10%以上，客车油耗较2019年降低15%以上。

对此，汽车制造新技术将在交通运输减排中发挥重要的作用。汽车轻量化技术与节能效果呈线性关系，每10%的轻量化率，可以带来8.5%的节能减碳效果，且车辆轻量化具有持续稳定的节能效果。因此，汽车制造企业可采用新型工艺技术，取消冲压、焊接、涂装的方式，以减轻车身的重量，从而降低油耗。

4.调整运输结构

对运输结构的调整也是交通运输低碳发展的主攻方向。碳中和目标需要全社会的共同努力，所以，我们要充分发挥各种运输方式的比较优势和组合效率，以实现结构减排效应的最大化，具体措施如图12-4所示。

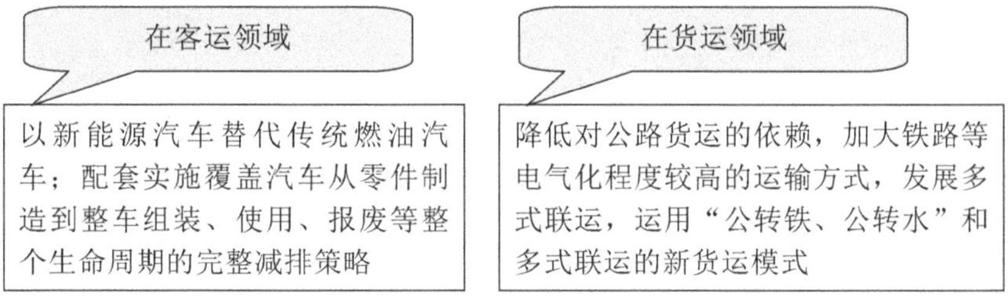

在客运领域	在货运领域
以新能源汽车替代传统燃油汽车；配套实施覆盖汽车从零件制造到整车组装、使用、报废等整个生命周期的完整减排策略	降低对公路货运的依赖，加大铁路等电气化程度较高的运输方式，发展多式联运，运用“公转铁、公转水”和多式联运的新货运模式

图12-4　调整运输结构的措施

5.发展智能交通

构建低碳道路交通网络，注重人工智能等新技术的数字化赋能，推动对快速减碳的创新应用是智能交通行业在“十四五”期间的重点关注和发展方向。

“绿色新基建”正通过新能源技术、新材料及新工艺等新技术的应用，拉动智慧交通的上下游各个环节的绿色发展，在减排增效中发挥着非常重要的作用。

比如，在新基建建设时大力发展的城际轨道交通、城际高速铁路、充电桩网络等方面，通过AI（Artificial Intelligence，人工智能）、大数据、云计算、物联网等技术在交通建设和运营方案的综合应用，有助于提高交通流的运转，降低能源的消耗。

在达成“30碳达峰/60碳中和”目标的背景下，交通运输业应通过供给侧改革、能源革命和技术创新，实现产业升级和绿色可持续发展，从而建立以人为中心的立体化交通体系，以数字手段连接地铁、高铁、公交、网约车、自行车等各种出行方式，倡导公交优先、低碳出行的生活方式。

6.倡导绿色出行

“绿色出行”是指采用对环境影响最小的出行方式，这个概念是针对道路拥挤与环境污染而提出的。它号召人们多乘坐地铁、公共汽车等公共交通工具，或者环保驾车、合作乘车（拼车），或者骑自行车、步行等，目的是改善城市空气质量、减少城市交通压力和改变城市交通观念。可以这样说，只要是能降低能源消耗和环境污染的出行，都可以称作绿色出行。

（1）呼吁公众绿色出行。呼吁公众绿色出行，需要相关的管理和服务能为绿色出行提供足够的及时的便利。很长一段时间以来，许多城市交通部门在政策制定、设施规划建设等方面，对行人与非机动车处于忽视的状态。

比如，一些城镇的自行车道被压缩到不足一米宽，非机动车道、人行道常与机动车道混在一起，这在某种程度上暴露出城市交通管理和服务存在缺陷。

各个城市若推动更多人能够践行绿色出行的理念，就必须为低碳出行“铺”好路。对此，2020年1月，住房和城乡建设部出台了《关于开展人行道净化和自行车专用道建设工作的意见》，该意见明确提出：要坚持以人为本、统筹实施、因地制宜、有序推进、创新机制、形成合力地开展人行道净化专项行动，推动自行车专用道建设。在开展人行道净化专项行动方面，重点确保人行道的连续畅通、通行舒适、通行安全。在推动自行车专用道建设方面，应科学规划、统筹建设自行车专用道，强化自行车专用道的管理。

2019年5月，北京市首条自行车专用路开通。这条专用路东起昌平区回龙观，西至海淀区后厂村路，全长6.5千米，限速15千米/小时。自行车专用路的管理非常严格，行人、电动自行车都不能进入路面。据相关数据，骑行者26分钟内即可从回龙观骑车到海淀上地软件园，大大地缩短两个区域间的通勤时间，并有望缓解回龙观至上地之间的出行难题，惠及约1.16万名“通勤族”。

这条自行车道呈现出比较明显的潮汐特征，专用路上因此设置了潮汐车道。而且这个专用道如同机动车道一样也存在早晚高峰，其中早高峰时间为8:00～10:00；晚高峰时间为18:00～20:00，早晚高峰小时骑行量占全日总骑行量的58%左右。

北京市于2020年2月出台了《2020年北京市交通综合治理行动计划》，对慢行交通进行了细致的规划，保障自行车、步行路权为核心，完成378公里自行车道的整治。通过加强规划设计、加强局部改造、完善信号标识、优化节点彩铺、强化路面执法等措施，扎实推进慢行优先。在重点地区完善人行横道线、黄色网格线、无障碍设施、限速标志等交通配套设施，加大日常养护巡查的力度，及时修复破损标志标线。

深圳市于2020年7月发布了《深圳市慢行系统骨干网络布局及试点实施方案（公众咨询稿）》，对城市自行车的骨干网络规划建设征求意见和建议。深圳市计划构建由“自行车快速路、干线主廊道”两个等级组成的慢行交通骨干网络，新建6条自行车快速路，改造12条干线主廊道，共469公里，配套路名标志标线、路缘石等路面设施，设置风雨连廊、简易自动扶梯等助力设施，采用5G技术，推广智能系统，从而规范停车秩序，提高出行体验。

自行车专用路连通周边居民区、公交车站、地铁站、绿道、休息区，将城市的不同功能区连接起来，使得骑车出行、转乘公共交通工具、健身娱乐休闲等功能有机地结合，不仅打通了绿色出行的“最后一公里”，也以自行车专用路为核心，满足了人们生活出行、购物娱乐、休闲健身等多种需求，打造了“绿色生活圈”。

（2）鼓励公众绿色出行。我们要鼓励绿色出行，则必须确保有完善的硬件设施。环保低碳的道理大家都懂，但是如果公交路线太少、公交车速度太慢、骑行车道路狭窄，大家势必没有美好的绿色出行感受，于是绿色出行的意愿也会随之消失。只有绿色出行的品质和体验不断提升，才能满足人们的不同需求。具体做法如图12-5所示。

根据《绿色出行创建行动方案》，绿色出行创建城市的建成区的平均道路网密度和道路面积率应实现持续提升，步行和自行车等慢行交通系统、无障碍设施的建设也需要稳步地推进

为了鼓励公众优先选择公共交通，我们必须多设置公交专用道、优先车道，并以手机App、电子站牌等方式给民众提供公共汽车来车信息的服务

我们需要不断地完善细节，如采取措施确保非机动车道不被挤占，地铁站旁、公交站旁有公共自行车及时对接，自行车道、机动车道、步行道的界限非常明晰，管理化规范停车位等，这些措施如果都能够得到有效保障，那么加入绿色出行的人自然会越来越多

图12-5　鼓励公众绿色出行的做法

加快推进绿色循环低碳交通运输发展指导意见（节选）

交通运输是国民经济和社会发展的基础性、先导性和服务性行业，也是国家节能减排和应对气候变化的重点领域之一。为全面落实党的十八大提出全面建成小康社会的宏伟目标和“五位一体”的总体布局，加快推进绿色循环低碳交通运输发展，特提出以下指导意见。

一、总体要求

（略）。

二、主要任务

（一）强化交通基础设施建设的绿色循环低碳要求

4.实现交通基础设施畅通成网、无缝衔接

继续按照综合交通运输体系发展战略规划要求，补齐发展短板，发挥比较优势，实现相互衔接、畅通成网，推进各种运输方式协调发展，凸显整体优势和集约效能。加强综合交通枢纽及其集疏运配套设施建设，实现客运“零距离换乘”和货运“无缝衔接”。推动以公共交通为导向的城市发展模式，加快城市轨道交通、公交专用道、快速公交系统（BRT）等大容量公共交通基础设施建设，加强自行车专用道和行人步道等城市慢行系统建设，增强绿色出行吸引力。

5.加强能源节约利用

树立全寿命周期成本理念，将节约能源资源要求贯彻到交通基础设施规划、设计、施工、运营、养护和管理全过程。在项目立项、初步设计、施工及验收各阶段，认真贯彻国家关于固定资产投资项目的节能要求。在交通基础设施建设和养护中，大力推广应用节能型建筑养护装备、材料及施工工艺方法。积极扩大绿色照明技术、用能设备能效提升技术及新能源、可再生能源在交通基础设施运营中的应用。

6.加强土地和岸线资源集约利用

严格建设项目用地审查，合理确定建设规模。优化设计，因地制宜采取有效措施，减少耕地占用，避让基本农田保护区。加强综合交通枢纽用地的综合立体开发。按照“统筹规划、合理布局、集约高效”的要求，节约集约利用交通通道线位资源，提高港口岸线资源利用效率。

7.加强资源循环利用

遵循“减量化、再利用、资源化”原则，积极探索资源回收和废弃物综合利用的有效途径。大力推广应用节水节材建设和运营工艺，实现资源的减量化。大力开展废旧材料的再生和综合利用，提高资源再利用水平。加强钢材、水泥、木材、砂石料等主要建材的循环利用，积极推进粉煤灰、煤矸石、建筑垃圾、生产生活污水等在交通基础设施建设运营中的无害化处理和综合利用。

8.加强生态环境保护

严格执行交通建设规划和建设项目环境影响评价、环境保护“三同时”和建设项目水土保持方案编制制度。提倡生态环保设计，严格落实环境保护、水土保持措施，加强植被保护和恢复、表土收集和利用、取弃土场和便道等临时用地生态恢复。推进绿化美化工程建设。加强施工期间环境保护工作，确保施工期间污染物排放达标。加强交通基础设施建设、养护和运营过程中的污染物处理和噪声防治。

（二）加快节能环保交通运输装备应用

9.优化交通运输装备结构

提高交通运输装备、机械设备能效和碳排放标准，严格实施运输装备、机械设备能源消耗量准入制度。积极推广应用高能效、低排放的交通运输装备、机械设备，加快淘汰高能耗、高排放的老旧交通运输装备、机械设备，提高交通运输装备生产效率和整体能效水平。推动建立交通运输装备能效标识制度，鼓励购置能效等级高的交通运输装备。

10.加快推广节能与清洁能源装备

推进以天然气等清洁能源为燃料的运输装备和机械设备的应用，加强加气、供电等配套设施建设。积极探索生物质能在交通运输装备中的应用。推广应用混合动力交通运输装备，推进合同能源管理在用能装备和系统中的应用，采用租赁代购模式推进电池动力的交通运输装备应用。推进模拟驾驶和施工、装卸机械设备模拟操作装置应用，积极推广应用绿色维修设备及工艺。

11.加强交通运输装备排放控制

严格落实交通运输装备废气净化、噪声消减、污水处理、垃圾回收等装置的安装要求，有效控制排放和污染。严格执行交通运输装备排放标准和检测维护制度，加快淘汰超标排放交通运输装备。鼓励选用高品质燃料。加强交通运输污染防治和应急处置装备的统筹配置与管理使用。

（三）加快集约高效交通运输组织体系建设

12.优化运输结构

按照“宜水则水、宜陆则陆、宜空则空”的原则，提高铁路、水路在综合运输中的承运比重，降低运输能耗强度。积极促进铁路、公路、水路、民航和城市交通等不同交通方式之间的高效组织和顺畅衔接，加快形成便捷、安全、经济、高效的综合运输体系。大力推进多式联运，积极发展集装箱运输。优先发展公共交通，大幅提高公共交通出行分担比例。

13.优化客运组织

推进客运企业之间运输组织平台建设，引导客运企业实施规模化、集约化经营，加强运输线路、班次、舱位等资源共享，推进接驳运输、滚动发班等先进客运组织方式。推广联程售票、网络订票、电话预订等方便快捷的售票方式及信息服务，提高客运实载率。

14.加快发展绿色货运和现代物流

充分发挥各种运输方式的比较优势，大力发展滚装运输、驮背运输等多式联运。加快发展专业化运输和第三方物流，积极引导货物运输向网络化、规模化、集约化和高效化发展，优化货运组织，提高货运实载率。加强城市物流配送体系建设，建立零担货物调配、大宗货物集散等中心，提高城市物流配送效率。依托综合交通运输体系，完善邮政和快递服务网络，提高资源整合利用效率。

15.优化城市交通组织

优化城市公共交通线路和站点设置，科学组织调度，逐步提高站点覆盖率、车辆准点率和乘客换乘效率，改善公共交通通达性和便捷性，提升公交服务质量和满意度，增强公交吸引力。

16.引导公众绿色出行

积极倡导公众采用公共交通、自行车和步行等绿色出行方式。合理布局公共自行车配置站点，方便公众使用，减少公众机动化出行。加强静态交通管理，推动实施差别化停车收费。综合运用法律、经济、行政等交通需求管理措施，加大城市交通拥堵治理力度。

（四）加快交通运输科技创新与信息化发展

17.加强绿色循环低碳交通运输科研基础能力建设

加强交通运输绿色循环低碳实验室、技术研发中心、技术服务中心等技术创新和服务体系建设。强化绿色循环低碳交通人才队伍建设，打造一支数量充足、结构合理、素质优良的绿色循环低碳交通运输专业人才队伍。

18.加强绿色循环低碳交通运输技术研发

加快推进基于物联网的智能交通关键技术研发及应用、交通运输污染事故应急反应与污染控制的关键技术研究及示范等重大科技专项攻关，实现重大技术突破。大力推进交通运输能源资源节约、生态环境保护、新能源利用等领域关键技术、先进适用技术与产品研发。

19.加强绿色循环低碳交通运输技术和产品推广

加紧研究制定绿色循环低碳交通运输技术政策。及时发布绿色循环低碳交通运输技术、产品、工艺科技成果推广目录，积极推进科技成果市场化、产业化。大力推进绿色循环低碳交通运输技术、产品、工艺的标准、计量检测、认证体系建设。

20.推进交通运输信息化和智能化建设

推动建立各种运输方式之间的信息采集、交换和共享机制，探索建立综合运输公共信息平台。积极推进客货运输票务、单证等的联程联网系统建设，推进条码、射频、全球定位系统、行包和邮件自动分拣系统等先进技术的研发及应用。逐步建立智能交通运输网络的联网联控和自动化检测系统，提高运行效率。

（五）加快绿色循环低碳交通运输管理能力建设

21.完善绿色循环低碳交通运输战略规划

研究完善绿色循环低碳交通运输发展战略。研究出台行业和企业节能减排和应对气候变化规划编制指南，建立分层级、分类别、分方式的规划体系。建立健全规划审批、报备、评估和修订制度。

22.完善绿色循环低碳交通运输法规标准

积极研究制定《交通运输节约能源条例》等法规及配套规定。在交通基础设施设计、施工、监理等技术规范中贯彻绿色循环低碳的要求，研究制定交通运输规划环境影响评价规范。建立健全交通运输行业重点用能装备和机械设备燃料消耗和排放限值标准及市场准入与退出机制。

23.完善绿色循环低碳交通运输统计监测考核体系

完善交通运输能耗统计监测报表制度，稳步推进能耗在线监测机制及数据库平台建设，加强交通环境统计平台和监测网络建设。研究开展交通运输重点用能单位的能源管理体系建设和能源审计工作，逐步建立交通运输行业能源管理师职业制度。研究建立交通运输绿色循环低碳发展指标体系、考核办法和激励约束机制。

24.推进绿色循环低碳交通运输市场机制运用

积极推广合同能源管理，加强培养节能环保第三方服务机构，加快培育节能环保技术服务市场。鼓励交通运输企业参与自愿减排、自愿循环。研究建立交通运输装备和产品能效及碳排放认证制度。积极推进交通运输企业参与实施清洁发展机制（CDM）项目。

25.积极探索参与碳排放交易机制

引导交通运输企业参与国内碳排放交易，研究编制交通运输碳排放清单和核算细则。抓紧研究应对国际碳排放交易的对策，提出交通运输排放统计、估测、报告与核查的方法学和体系。加快研究交通基础设施生态建设的碳汇能力和潜力，探索将其纳入碳排放交易的方法和模式。

三、保障措施

（略）。

四、交通运输业碳中和案例

随着水泥、煤炭、钢铁等大宗散货的产销逐步达峰，其运输的周转量将开始出现下降，加之运输结构的持续优化，交通运输领域有望在2025年左右提前迎来碳达峰。

【案例一】▸▸▸

腾讯智慧交通在碳中和领域的探索

腾讯在交通领域早已深入布局，通过技术实现人和交通的连接，打造了腾讯乘车码、实时公交等一系列智慧出行服务产品，为社会、为行业、为民众不断创造新价值，积极助力“30碳达峰/60碳中和”目标的落地与实现。

1. 乘车码服务过亿民众公共出行

腾讯乘车码与各地政府全面、深度合作，助力城市智慧交通建设。基于微信小程序开发的腾讯乘车码，将移动支付技术与各个城市的公共交通出行场景连接起来，使绿色出行理念得到了落实，从而引领交通出行进入了高效、低碳的移动支付时代。

乘车码是腾讯基于微信小程序开发的二维码，具有0.2秒极速验证技术，民众乘坐地铁和公交出行时，只需拿出手机用“乘车码”微信小程序轻轻一扫，就可感受到“先乘车，后付费”的乘车新体验，享受智慧交通带来的便捷。乘车码自2017年7月在广州上线以来，已覆盖北京、上海、深圳、厦门、济南、宁波、东莞、昆明等180多个城市，支持地铁、BRT（Bus Rapid Transit，快速公交系统）、公交、轮渡、索道等智慧交通移动支付场景，目前乘车码的用户数量已经超过1.8亿。

除此之外，腾讯乘车码先后在深圳、昆明上线区块链电子发票功能，用户可一键在线开具区块链电子发票。因为区块链电子发票不需要印制，从而可以大大地降低发票开具成本，从而提升节能减排的效益。

2. 实时公交助力市民高效出行

腾讯实时公交小程序是一款提供车辆实时信息的应用，市民出行可随时随地获知车辆实时信息，缓解等车焦虑，有效减少市民出行时的等车时间。市民可通过该功能提前查询公交车辆信息，及时准确地掌握所乘公交线路车辆的运营信息，从而进一步提高出行效率。

乘客在微信首页搜索“腾讯实时公交”，打开腾讯实时公交小程序，点击“附近公交站位置”，即可看到途经该站点所有公交线路的实时信息，包括各线路车辆到达本站的时间、距离和首末班车的发车时间等。乘客点击相应的线路，就会看到该线路最近三辆公交车的到站距离和时间。乘客还可在首页顶部的搜索栏输入想要查找的公交线路或目的地，在查询结果中就可以看到实时公交信息。除此之外，如果乘客经常乘坐某一趟公交线路，乘客还可将其加入“收藏夹”，查询实时公交则更加方便。目前，腾讯实时公交小程序已经在全国70多座城市上线，未来还将陆续在全国范围内上线。

3.助力交通运行监测调度中心建设

2020年6月，腾讯与西安交通运输局达成战略合作，双方充分发挥各自的资源优势。西安市交通运输局将整合全市的交通数据资源，结合腾讯地图多生态、多种类、高速率、大体量的大数据处理及用户分析能力，融合双方的优势数据资源，打破数据孤岛，围绕西安交通管理平台的建设展开深度的合作。同时，利用腾讯地图的大数据生态，进行出行通勤、重点区域实时交通状况、交通客流等重要交通场景下的大数据分析，提供覆盖交通决策、管理、服务等方面的全方位交通优化方案，为西安市的城市交通规划、公共交通优化调整提供数据支持，为市民提供更加优质的出行服务，使得西安的交通脉络在智慧化疏通下更加畅通无阻，让西安智慧交通建设和智慧城市快速地发展。

4.在地铁打造首个城市轨道交通智慧大脑

2020年9月，腾讯公司与广州地铁共同推出全国首个城市轨道交通智慧大脑——穗腾OS。穗腾OS融合了地铁线网和互联网，具备协同、智能、物联、开放四大核心特征，应用于运营管理、乘客服务两大核心场景。穗腾OS致力于推动轨道交通系统由工业产品化向互联网平台化转型，帮助地铁企业在智能化运维控制、无人化运营管理、场景化应用服务、数字化轨道交通等多个方面智慧升级，实现了地铁站内各类设备系统的数据交互、智能感知、联动运作、智能分析，为地铁车站服务提供“协调一致”的运作支持，同时也直接帮助地铁企业朝绿色低碳化发展。

5. 公共交通出行大数据平台助力城市交通发展

腾讯和交通运输部公路科学研究院联手打造了“公共交通出行大数据平台”，将腾讯大数据和公交行业数据融合，建立了基于城市出行特征的多维公交线网评价体系，运用机器学习、云计算等先进技术，结合城市人口的时空出行规律，进行城市线网的全局性分析管理与优化评估。该平台将充分发挥多方数据优势，为各地交通运输管理局、公交企业、MaaS 服务商等提供技术支撑，推动“出行即服务”的实践，同时围绕公共交通发展的核心问题、核心痛点进行创新，提升公共交通运营效率和服务水平，有助于城市交通向更智能、更绿色、更便捷的方向发展。

【案例二】▸▸▸

比亚迪坚持技术创新助力零碳目标

比亚迪股份有限公司（以下简称比亚迪）将绿色发展理念贯彻到企业的生产经营中，通过能源审计、节能技术改造、员工培训、内部审核等措施，不断提高能源管理体系的有效性，不断地降低能耗、提高能源利用效率。比亚迪通过推进可再生能源代替传统能源、构建绿色能源管理体系、开展管理节能和技术节能等方式，持续减少能源消耗和降低二氧化碳排放量。

比亚迪以解决社会问题为导向，以技术创新为驱动，在解决问题过程中实现企业的快速发展，开发了电动汽车、电动叉车、光伏、储能、云巴、云轨和LED等绿色技术产品，打通了能源从获取、存储到应用的各个环节，为智慧城市提供了一揽子绿色解决方案。

比亚迪针对交通运输领域的碳减排提出了给汽车尾气排放做三个“1/3”减法，助力于实现零碳目标。

第一，通过推进公交车、出租车、网约车等的全面电动化，率先减掉汽车尾气排放量的第一个1/3，以实现公共交通的低碳化。2010年，比亚迪提出了全球首个公共交通电动化方案。

第二，通过推进城市货车、专用车全面电动化，减掉尾气排放量的第二个1/3，以实现工程和物流用车的低碳化。2015年，比亚迪提出“7+4”全市场战略，在公交车、私家车和出租车的基础上，增加城市建筑物流、城市商品物流、道路客车、环卫车的低碳化战略，推进“七大”常规领域的汽车电动化，同时在港口、机场、矿山、仓储等“四大”特殊领域推出电动专用车。

第三，推动私家车新能源汽车对燃油车的替代，减掉剩余1/3尾气排放量，最终进入汽车全面电动化时代。比亚迪推出了高效率DM-i超级混动系统、高性能碳化硅芯片、高安全刀片电池，加速私家车电动化的进程，满足公众对绿色出行的美好需求。

除此之外，为治理城市交通拥堵问题，比亚迪提出了城市轨道交通大中小运量协同发展的方案，提高小运量轨道与地铁的匹配比例，以实现路网运行的低碳化。比亚迪站在世界轨道交通创新的最前沿，不断探索绿色出行方式，将电动车产业链延伸到轨道交通领域，推出中运量云轨和小运量云巴。到目前为止，比亚迪新能源汽车（含商用车、乘用车）累计销量已经超过100万辆，累计减少CO_2排放量超过548万吨，相当于植树4.6亿棵。

13

第十三章 电力行业碳中和实践

我国是世界上最大的能源生产国和消费国，提出了在2030年前实现碳达峰、2060年前实现碳中和的目标。从碳达峰到碳中和之间的时间，远比发达国家所用时间短，碳达峰、碳中和目标让电力行业处在了“聚光灯”之下，不可避免地电力行业肩负着重要的历史使命。

一、电力行业的认知

电力行业是将石油、煤炭、天然气、核燃料、太阳能、风能、生物质能、水能、海洋能等一次能源经发电设施转换成电能，再通过输电、变电与配电系统供给用户作为能源的工业部门，是生产、输送和分配电能的工业部门，包括图13-1所示的5个环节。

图13-1　电力行业包括的环节

电能的生产过程和消费过程是同时进行的，既不能中断，又不能储存，因此需要统一调度和分配。电力行业为工业部门和国民经济的其他部门提供基本动力，是国民经济发展的先行部门。

二、电力行业碳排放现状

能源系统对我国实现碳排放目标起着决定性的作用，电力是未来能源系统碳减排的主力。当前，我国能源消费产生的二氧化碳排放量占二氧化碳总排放量约为85%，占全部温室气体排放量约为70%。随着电气化水平的提升，电能替代了终端对煤、油、气等化石能源的直接使用，减少了终端用能部门的直接碳排放量，使部分碳排放从终端用能环节转移至电力生产环节，从而实现终端用能碳排放量的大幅降低。

据《中国能源电力发展展望2020》显示，随着2030年后清洁能源的快速发展并成为主力电源，煤电加装CCUS，电力系统的碳排放量将快速下降，2060年电力行业有望实现碳近零排放。届时，电能占终端能源消费的比重、非化石能源占一次能源消费的比重分别有望达到约70%、80%。

相关链接

五大发电集团碳达峰时间表及主要任务

能源消耗是我国二氧化碳的主要排放源，占全部二氧化碳排放量的88%左右，电力行业的排放量约占能源行业排放量的41%，而发电行业是电力行业排放的主体，因而肩负着碳达峰、碳中和的重要责任和使命。

以五大发电集团为代表的主要发电企业纷纷响应这一使命，制定了碳达峰、碳中和的时间表和相关具体目标，并已开始行动。国家电投集团是第一个宣布碳达峰时间表的发电集团，也是五大发电集团设定碳达峰目标时间最早的，为2023年。

其他四大发电集团都是预计提前五年完成碳达峰目标。华电集团、国家电投集团都将2025年清洁能源装机占比目标设定在了60%。2035年清洁能源占比目标设定较高的为华能集团、国家电投集团，均为75%。

五大发电企业碳达峰时间表及主要任务

宣布时间	企业名称	碳达峰时间表及主要目标
2020年12月8日	国家电投集团	到2023年实现“碳达峰”目标；到2025年，电力装机将达到2.2亿千瓦，清洁能源装机比重提升到60%；到2035年，电力装机达2.7亿千瓦，清洁能源装机比重提升到75%
2020年12月20日	国家能源集团	制定2025年碳排放达峰行动方案，推进产业低碳化和清洁化，提升生态系统碳汇能力；“十四五”时期，实现新增新能源装机7000～8000万千瓦，占比达到40%
2021年1月17日到18日	华能集团	到2025年，发电装机达到3亿千瓦左右，新增新能源装机8000万千瓦以上，确保清洁能源装机占比50%以上，碳排放强度较“十三五”下降20%；到2035年，发电装机突破5亿千瓦，清洁能源装机占比75%以上
2021年1月21日	大唐集团	到2025年非化石能源装机超过50%，提前5年实现“碳达峰”
2021年1月28日	华电集团	“十四五”期间，新增新能源装机7500万千瓦，“十四五”末非化石能源装机占比50%，非煤装机（清洁能源）占比接近60%，有望2025年实现碳排放达峰

三、数字电网助力电力系统转型

数字电网是以大数据、云计算、移动互联网、物联网、区块链、人工智能等数字技术为核心驱动力，以数据为关键生产要素，以现代电力能源网络与新一代信息网络为基础，通过数字技术与能源企业业务、管理深度融合，不断提高网络化、智能化、数字化水平而形成的新型能源生态系统，具有交互性、共享性、开放性、灵活性、经济性等特性，使电网更加高效、智能、绿色、可靠、安全。

这个新型的电力系统具有图13-2所示的显著特征。

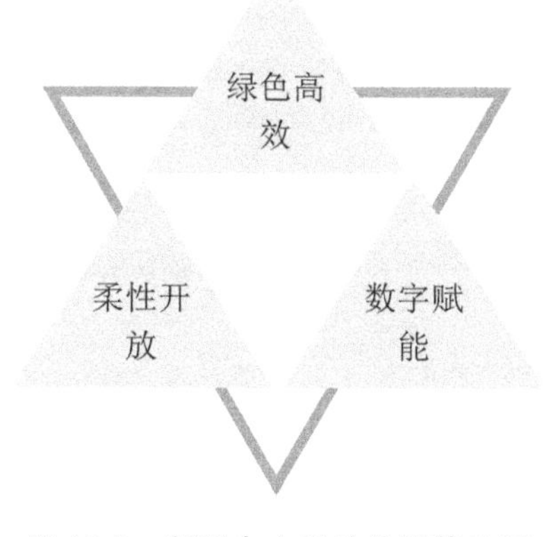

图13-2　新型电力系统的显著特征

1.绿色高效

据预测，我国到2030年和2060年的新能源发电量占比将分别超过25%和60%，电力供给将逐步实现零碳化。新能源将成为新增电源的主体，并在电源结构中占主导地位。

终端能源消费“新电气化”进程也将加快。建筑、工业、交通三大领域的终端用能电气化水平将从目前的30%、30%和5%提升至2060年约75%、50%、50%，数字经济的快速发展也将推动终端用能电气化水平进一步提高。而随着新能源和传统电源角色发生转变，需要有效完善的电力市场支撑，以更高效地协调不同市场主体的利益诉求，实现全要素资源的充分投入和优化配置。

2.柔性开放

在新型电力系统中，电网作为消纳高比例新能源的核心枢纽作用更加显著。“跨省区主干电网+中小型区域电网+配网及微网”的柔性互联形态和数字化调控技术将使电网更加灵活可控，实现新能源按资源禀赋因地制宜广泛接入。大电网柔性互联促进资源互济共享能力进一步提升，配电网呈现交直流混合柔性电网与微电网等多种形式协同发展态势，而智能微电网作为提高供电可靠性和高渗透率分布式电源并网重要解决方案，将逐步在城市中心、工业园区、偏远地区等推广应用。

此外，“新能源+储能”“新能源+负荷+储能”等多元协调开发新模式也将不断涌现。

3.数字赋能

新型电力系统将呈现数字与物理系统深度融合，以数据流引领、优化业务流和能量流。以数据作为核心的生产要素，打通电网、电源、储能、负荷各环节的信息。如图13-3所示。

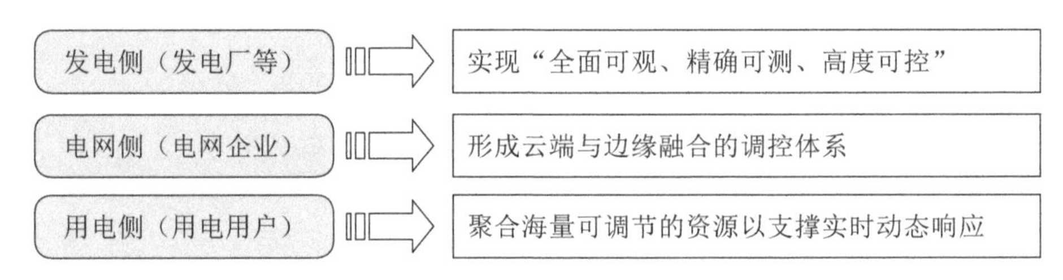

图13-3　以数据为核心的生产要素

比如，南方电网依托强大的“电力+算力”，运用海量信息数据分析和高性能计算技术，分析数据的关系，发现电网的运行规律和潜在风险，实现电力系统的安全稳定运行和资源大范围的优化配置，使电网具备智慧决策能力、超强感知能力及快速执行能力，这给贵州、广东、广西、海南、云南五省区的清洁能源消纳和消费按下了“快进键”。

2020年底，贵州、广东、广西、海南、云南五省区的非化石能源装机和电量占比分别达到56%和53%，居世界前列，风电、光伏发电利用率都达到99.7%，区域能源结构转型成效卓越。

四、电力行业碳中和实现的路径

“十四五”期间，电力行业应深入贯彻新发展理念和能源安全新战略的执行，严格控制煤电的发展，全面推进清洁能源替代和电能替代，推广应用储能，加快建设特高压电网，从根本上扭转“一煤独大”的格局，通过风、光、水、储多方面的协同，满足新增能源的需求，为我国经济社会的发展提供高效、安全、清洁的能源保障。

1.严控煤电规模

严控煤电规模就是按照“控制总量、优化布局”的思路，下决心控煤减煤，从而实现煤电规模达峰和布局优化。具体措施如表13-1所示。

表 13-1　严控煤电规模的措施

序号	措施	具体说明
1	削减东中部煤电	“十四五”期间我国东部、中部不再新建煤电基地，同时加快退出3500万千瓦低效机组，到2025年东部、中部煤电装机占比从2020年的56%下降到52%，新增电力主要由区外受电和本地清洁能源替代
2	新建煤电布局到西部北部	有序推进陕北、山西、宁东、准东、锡盟、鄂尔多斯、哈密等大型煤电基地的集约高效开发，与当地太阳能发电、风能发电打捆，通过特高压大电网向东部、中部地区输送电能
3	推进煤电灵活性改造	提高煤电机组的调峰能力，“十四五”期间的煤电累计改造规模超过2.2亿千瓦，推动煤电机组由电量型向电力型转变

2. 加快清洁能源开发

要想加快清洁能源开发，就要坚持集中式和分布式并举，水电、风电、光电多种类型协同，并加快开发西部北部大型清洁能源基地，因地制宜发展分布式发电和海上风电。具体措施如表13-2所示。

表 13-2　加快清洁能源开发的措施

序号	措施	具体说明
1	加快开发水电	以云南、四川、西藏、青海为重点，加快开发雅砻江、金沙江水电基地，投运白鹤滩、乌东德等大型水电站
2	大力发展风电	建设内蒙古、甘肃酒泉、新疆哈密等“三北”地区大型风电基地，稳步开发山东、广东、福建、江苏等海上风电，积极推进分布式风电
3	大力发展太阳能发电	建设青海格尔木、新疆哈密、青海海南州等大型太阳能发电基地，在东部、中部地区加快发展分布式太阳能发电

3. 加强电网建设

要想加强电网建设，就要加快构建以特高压为骨干网架，各级电网协调发展的智能电网，以此全面提高电网的运行效率、配置能力和安全水平，从而促进清洁能源的大范围配置、大规模开发及高效利用，更好地支撑“十四五”期间的经济社会发展。具体措施如表13-3所示。

表 13-3　加强电网建设的措施

序号	措施	具体说明
1	尽快建成特高压骨干网架	（1）加快建设特高压交流同步电网，在东部地区形成“三华”同步电网，在西部地区形成川渝特高压交流主网架，从而大幅提升电网的配置能力和抵御严重故障能力

续表

序号	措施	具体说明
1	尽快建成特高压骨干网架	（2）统筹推进西部、北部地区大型能源基地特高压直流外送通道的建设，包括白鹤滩—江苏、雅中—江西、白鹤滩—浙江、陕北—湖北、金上—湖北、新疆—重庆、甘肃—山东等特高压直流工程
2	高质量发展配电网	（1）以保障供电安全、提升服务质量为目标，加快构建经济高效、互动性好、可靠性高的中心城市电网，在深圳、广州、上海、北京等超大型城市建成世界一流的现代化配电网 （2）完善配电网的结构，合理划分供电区的范围，提高负荷转供能力，全面消除薄弱环节，优化电力营商的环境 （3）围绕服务乡村振兴战略，加快农业生产、中心村电网、新型小乡镇供电设施的升级改造，补齐乡村配电网短板
3	提升电网智能化水平	（1）推动云计算、大数据、人工智能、物联网、移动互联等技术与电力系统深度融合，更好地适应清洁能源开发和电能替代的需要 （2）大力构建协同高效、开放共享、智能互动的现代电力服务平台，促进“源—网—荷—储”的协调发展，满足各类分布式发电、用电设施的接入以及用户多元化的需求 （3）深挖需求侧的响应潜力，通过加强需求侧的智能管理，提升灵活调节的能力，实现5%左右的最大用电负荷“削峰”，降低峰谷差，更好地满足能源消纳需要

4.加快电能替代

加快电能替代就是要加快推进交通、农业、工业、生活等领域的电能替代，大幅地提高电气化水平，从而形成以电为中心的能源消费格局。具体措施如表13-4所示。

表 13-4　加快电能替代的措施

序号	措施	具体说明
1	推进工业电气化	（1）在有色金属、钢铁、水泥等高耗能行业，推广应用感应电炉、电加热回转窑、电炉炼钢热泵等技术和设备 （2）在纺织、陶瓷、造纸等行业，推广使用电锅炉、热泵、电窑炉替代燃煤锅炉 （3）在原材料领域，大力推进甲烷、电制氢气等产业
2	加快电动交通发展	（1）大力推进电动汽车产业的发展 （2）加强电动船舶技术的研发与产业培育 （3）加快建设港口岸电、机场桥载电源、电动汽车充电桩等配套设施
3	推动农业和生活领域电能替代	（1）推广应用电动联合收割机、电排灌等大型作业机械，提高农业的电气化和智能化水平 （2）有序推进煤改气、电采暖、煤改电等惠民工程，推动以电锅炉、电暖气、空调、电炊具等替代燃煤锅炉和散烧煤，提升用能效率

5.科学发展储能

在科学发展储能方面，我国应加快储能技术的推广与应用，把储能融入电力系统发电、输电、用电的各个环节，加强统筹规划和科学布局，从而提升系统的灵活性和调节能力，保障电力的可靠供应。具体措施如表13-5所示。

表13-5　科学发展储能的措施

序号	措施	具体说明
1	加快发展电源侧储能	加快电化学储能在太阳能、风能电站中的应用，在有条件的地区发展压缩空气等大容量、长时间储能，在西部北部地区适当开发光热发电，多举措地提升新能源发电的稳定性和电能质量；到2025年，力争电源侧的电化学储能达到3000万千瓦
2	科学配置电网侧储能	（1）加快山东、河北、福建、河南、安徽、广东、浙江等省份抽水蓄能电站建设，“十四五”期间投产的抽水蓄能3600万千瓦以上，2025年装机达6800万千瓦 （2）因地制宜地开展常规水电机组的扩容和抽蓄改造，进一步提高调节能力 （3）适量地布局电化学储能，建设以抽水蓄能为主、电化学储能为辅的电网侧储能体系 （4）发挥互联电网的“时空储能”作用，优化电网调控，完善市场机制，实现多种能源的高效互补和广域配置
3	创新发展用电侧储能	到2025年，我国的电动汽车保有量达到5000万辆，形成规模约20亿千瓦时的巨大储能系统；以合理价格机制来引导电动汽车参与电网调峰，提高用户侧的灵活响应水平；探索新型储能模式，积极推广甲烷、清洁电制氢等燃料和原材料，丰富储能体系和能源供应方式

6.强化科技创新

要实现“十四五”期间的能源电力高质量发展，我国必须发挥科技创新的驱动作用，按照“中国引领、示范先行、自主创新”的发展思路，加强技术攻关，抢占全球能源技术创新的制高点。具体措施如表13-6所示。

表13-6　强化科技创新的措施

序号	措施	具体说明
1	提升自主创新能力	（1）统筹制定科技创新发展战略，依托重大能源电力项目，加快推动重大工程技术、前沿引领技术、关键共性技术创新 （2）在“瓶颈”问题上下功夫，加快自主研发相关技术和装备，以确保在关键核心技术上自主可控，把发展主动权、安全主动权、创新主动权牢牢地掌握在自己手中
2	突破重大关键技术	（1）推动清洁能源发电技术的创新，研发高效率、低成本光伏材料和低风速、大容量风机，提高新能源的开发利用效率；推进第四代核电、受控核聚变技术、小型模块化反应堆的研发，提高核电的安全性、经济性

续表

序号	措施	具体说明
2	突破重大关键技术	（2）推动特高压柔性直流、超导输电、特高压大容量海底电缆等先进技术与装备实现突破，提升电网高效配置资源的能力 （3）发展大容量虚拟同步机、能源互联网智能控制等新技术，提升清洁能源大规模接入条件下电网的安全性、灵活性 （4）加快智慧城市、电动汽车、电力需求侧响应、智能家居等领域的技术创新，提高终端的用能效率
3	加强产学研用协同	充分发挥企业创新的主体作用，建立并健全产学研用协同创新体系，整合各方资源，共享前沿信息、科研成果、研发设施，推动重大技术创新平台、重大示范工程、重大装备研制、研发技术四位一体，在“十四五”期间加快将科研创新成果转化为实实在在的生产力和竞争力优势

7. 推进能源电力体制改革

“十四五”期间是全面推进电力市场建设的关键期，也是加快电力企业转型的机遇期，电力行业应以能源互联网为平台，加快构建全国统一的电力市场，健全交易机制，理顺价格关系，形成竞争有序、统一开放的现代市场体系，从而激发电力企业的发展活力。具体措施如表13-7所示。

表 13-7　推进能源电力体制改革的措施

序号	措施	具体说明
1	建设全国统一电力市场	（1）加强顶层设计，完善电力交易机制，推动国家电力与省级电力市场有效衔接并逐步融合，更好地发挥“大电网、大市场”的作用，打破省与省之间的壁垒，确保能源资源跨区、跨省经济高效配置 （2）积极研究推动电力市场与碳交易市场融合，构建全国电—碳市场，整合气候与能源领域治理机制、参与主体和市场功能，实现碳减排与能源转型协同推进
2	推动形成科学电价机制	（1）加快销售电价、上网电价、一次能源价格的联动机制，使电价能够真实地反映供求关系、生态环境成本、能源成本 （2）完善省与省之间辅助服务的补偿和交易机制，充分利用输电通道的容量和受端调峰资源，促进清洁能源在全国的优化配置；结合电价改革的进程，妥善地解决电价交叉补贴的问题
3	加快电力企业变革转型	（1）聚焦电力行业绿色转型的大趋势，优化调整电力企业的业务布局、运营模式及管理方式，主动消减不符合清洁发展方向的业务，尽快实现主营业务的绿色转型，重塑电力企业面向未来的竞争优势，提升电力企业的社会价值 （2）积极适应能源供应体系和消费方式的变革，不断拓展电力企业的新业务领域，朝综合服务提供商转变

8.深化国际合作

全方位地加强国际能源合作是我国在“十四五”期间推动能源在高质量发展、实现开放条件下能源安全的必然要求。电力行业要统筹利用国外国内两个市场、两种资源，积极地推动国外优质、经济的清洁电力“引进来”和我国产能、装备、技术“走出去”，积极地推动、引领全球能源互联网的发展，全面提升我国能源电力发展的质量和效益。具体措施如表13-8所示。

表 13-8　深化国际合作的措施

序号	措施	具体说明
1	加快我国与周边国家电力互联互通	发挥我国能源互联网平台和枢纽的作用，推进与蒙古国、韩国、缅甸、巴基斯坦、老挝、尼泊尔等周边国家的电力互联，有效地利用国际资源和市场，扩大跨国电力贸易规模，助推“一带一路”的建设
2	积极推动全球能源互联网发展	（1）发挥我国电力行业的综合优势，强化跨领域、全产业的资源整合和优势互补，围绕全球能源互联网与国际合作联合开展项目开发、技术攻关、市场开拓，创新电力行业的商业模式，打造新的效益增长点 （2）发挥全球能源互联网发展合作组织平台的作用，推动能源电力上下游企业的需求对接、项目合作、资源共享，积极参与全球能源互联网的建设，推动我国的国际能源合作倡议早日落地实施

相关链接

国家电网公司“碳达峰、碳中和”行动方案（节选）

国家电网公司将充分发挥“大国重器”和“顶梁柱”作用，自觉肩负起历史使命，加强组织、明确责任、主动作为，建设安全高效、绿色智能、互联互通、共享互济的坚强智能电网，加快电网向能源互联网升级，争排头、做表率，为实现“碳达峰、碳中和”目标做出国网贡献。当好“引领者”，充分发挥电网“桥梁”和“纽带”作用，带动产业链、供应链上下游，加快能源生产清洁化、能源消费电气化、能源利用高效化，推进能源电力行业尽早以较低峰值达峰；当好“推动者”，促进技术创新、政策创新、机制创新、模式创新，引导绿色低碳生产生活方式，推动全社会尽快实现“碳中和”；当好“先行者”，系统梳理输配电各环节、生产办公全领域节能减排清单，深入挖掘节能减排潜力，实现企业碳排放率先达峰。

（一）推动电网向能源互联网升级，着力打造清洁能源优化配置平台

1.加快构建坚强智能电网

推进各级电网协调发展，支持新能源优先就地就近并网消纳。在送端，完善西北、东北主网架结构，加快构建川渝特高压交流主网架，支撑跨区直流安全高效运行。在受端，扩展和完善华北、华东特高压交流主网架，加快建设华中特高压骨干网架，构建水火风光资源优化配置平台，提高清洁能源接纳能力。

2. 加大跨区输送清洁能源力度

将持续提升已建输电通道利用效率，作为电网发展主要内容和重点任务。“十四五”期间，推动配套电源加快建设，完善送受端网架，推动建立跨省区输电长效机制，已建通道逐步实现满送，提升输电能力3527万千瓦。优化送端配套电源结构，提高输送清洁能源比重。新增跨区输电通道以输送清洁能源为主，“十四五”规划建成7回特高压直流，新增输电能力5600万千瓦。到2025年，公司经营区跨省跨区输电能力达到3.0亿千瓦，输送清洁能源占比达到50%。

3. 保障清洁能源及时同步并网

开辟风电、太阳能发电等新能源配套电网工程建设“绿色通道”，确保电网电源同步投产。加快水电、核电并网和送出工程建设，支持四川等地区水电开发，超前研究西藏水电开发外送方案。到2030年，公司经营区风电、太阳能发电总装机容量将达到10亿千瓦以上，水电装机达到2.8亿千瓦，核电装机达到8000万千瓦。

4. 支持分布式电源和微电网发展

为分布式电源提供一站式全流程免费服务。加强配电网互联互通和智能控制，满足分布式清洁能源并网和多元负荷用电需要。做好并网型微电网接入服务，发挥微电网就地消纳分布式电源、集成优化供需资源作用。到2025年，公司经营区分布式光伏达到1.8亿千瓦。

5. 加快电网向能源互联网升级

加强“大云物移智链”等技术在能源电力领域的融合创新和应用，促进各类能源互通互济，源网荷储协调互动，支撑新能源发电、多元化储能、新型负荷大规模友好接入。加快信息采集、感知、处理、应用等环节建设，推进各能源品种的数据共享和价值挖掘。到2025年，初步建成国际领先的能源互联网。

（二）推动网源协调发展和调度交易机制优化，着力做好清洁能源并网消纳

6. 持续提升系统调节能力

加快已开工的4163万千瓦抽水蓄能电站建设。“十四五”期间，加大抽水蓄能电站规划选点和前期工作，再安排开工建设一批项目，到2025年，公司经营区抽水蓄能装机超过5000万千瓦。积极支持煤电灵活性改造，尽可能减少煤电发电量，推动电煤消费尽快达峰。支持调峰气电建设和储能规模化应用。积极推动发展“光伏+储能”，提高分布式电源利用效率。

7. 优化电网调度运行

加强电网统一调度，统筹送受端调峰资源，完善省间互济和旋转备用共享机制，促进清洁能源消纳多级调度协同快速响应。加强跨区域、跨流域风光水火联合运行，提升清洁能源功率预测精度，统筹全网开机，优先调度清洁能源，确保能发尽发、能用尽用。

8. 发挥市场作用扩展消纳空间

加快构建促进新能源消纳的市场机制，深化省级电力现货市场建设，采用灵活价格机制促进清洁能源参与现货交易。完善以中长期交易为主、现货交易为补充的省间交易体系，积极开展风光水火打捆外送交易、发电权交易、新能源优先替代等多种交易方式，扩大新能源跨区跨省交易规模。

（三）推动全社会节能提效，着力提高终端消费电气化水平

9. 拓展电能替代广度深度

推动电动汽车、港口岸电、纯电动船、公路和铁路电气化发展。深挖工业生产窑炉、锅炉替代潜力。推进电供冷热，实现绿色建筑电能替代。加快乡村电气化提升工程建设，推进清洁取暖“煤改电”。积极参与用能标准建设，推进电能替代技术发展和应用。“十四五”期间，公司经营区替代电量达到6000亿千瓦时。

10. 积极推动综合能源服务

以工业园区、大型公共建筑等为重点，积极拓展用能诊断、能效提升、多能供应等综合能源服务，助力提升全社会终端用能效率。建设线上线下一体化客户服务平台，及时向用户发布用能信息，引导用户主动节约用能。推动智慧能源系统建设，挖掘用户侧资源参与需求侧响应的潜力。

11. 助力国家碳市场运作

加强发电、用电、跨省区送电等大数据建设，支撑全国碳市场政策研究、配额测算等工作。围绕电能替代、抽水蓄能、综合能源服务等，加强碳减排方法研究，为产业链上下游提供碳减排服务，从供给和需求双侧发力，通过市场手段统筹能源电力发展和节能减碳目标实现。

（四）推动公司节能减排加快实施，着力降低自身碳排放水平

12. 全面实施电网节能管理

优化电网结构，推广节能导线和变压器，强化节能调度，提高电网节能水平。加强电网规划设计、建设运行、运维检修各环节绿色低碳技术研发，实现全过程节能、节水、节材、节地和环境保护。加强六氟化硫气体回收处理、循环再利用和电网废弃物环境无害化处置，保护生态环境。

13.强化公司办公节能减排

强化建筑节能，推进现有建筑节能改造和新建建筑节能设计，推广采用高效节能设备，充分利用清洁能源解决用能需求。积极采用节能环保汽车和新能源汽车，促进交通用能清洁化，减少用油能耗。

14.提升公司碳资产管理能力

积极参与全国碳市场建设，充分挖掘碳减排（CCER）资产，建立健全公司碳排放管理体系，发挥公司产科研用一体化优势，培育碳市场新兴业务，构建绿色低碳品牌，形成共赢发展的专业支撑体系。

（五）推动能源电力技术创新，着力提升运行安全和效率水平

15.统筹开展重大科技攻关

围绕“碳达峰、碳中和”目标，加快实施“新跨越行动计划”，同步推进基础理论和技术装备创新。针对电力系统“双高”“双峰”特点，加快电力系统构建和安全稳定运行控制等技术研发，加快以输送新能源为主的特高压输电、柔性直流输电等技术装备研发，推进虚拟电厂、新能源主动支撑等技术进步和应用，研究推广有源配电网、分布式能源、终端能效提升和能源综合利用等技术装备研制，推进科技示范工程建设。

16.打造能源数字经济平台

深化应用“新能源云”等平台，全面接入煤、油、气、电等能源数据，汇聚能源全产业链信息，支持碳资产管理、碳交易、绿证交易、绿色金融等新业务，推动能源领域数字经济发展，服务国家智慧能源体系构建。

（六）推动深化国际交流合作，着力集聚能源绿色转型最大合力

17.深化国际合作与宣传引导

高水平举办能源转型国际论坛，打造能源“达沃斯”，加强国际交流合作，倡导能源转型、绿色发展的理念，推动构建人类命运共同体。全面践行可持续发展理念，深入推进可持续性管理，融入全球话语体系，努力形成企业推动绿色发展的国际引领。加强信息公开和对外宣传，积极与政府机构、行业企业、科研院所研讨交流，开门问策、集思广益，汇聚起推动能源转型的强大合力。

18.强化工作组织落实责任

建立健全工作机制，成立公司“碳达峰、碳中和”领导小组，统筹推进各项工作，协调解决重大问题。各部门、各机构、各单位细化分解工作任务，落实责任分工，扎实有效推进各项工作。科研单位集中骨干力量，加大科技攻关力度，解决发展“瓶颈”问题。

五、电力行业碳中和案例

国民经济的快速发展，大大促进了我国电力工业的快速发展，经济、安全、低污染是我国电力工业发展的要求。

目前，电力行业加快推进碳达峰、碳中和目标的实施，不少电力公司加快进行电源结构的调整，推动清洁能源向低碳化转型，也有不少电力公司公布了碳达峰、碳中和的行动方案。

【案例一】▸▸▸

秦山核电站领跑“碳中和”

秦山核电基地是目前全国核电机组数量最多、装机容量最大、堆型品种最丰富的核电基地，年发电量约500亿千瓦时。

从“国之光荣”到“国家名片”，从蹒跚起步到三十而立，秦山核电不仅创立了我国第一个自主知识产权商用核电品牌，还实现了“从30万千瓦到100万千瓦”自主发展的跨越。秦山核电站为我国核电事业掌握技术、锻炼队伍、总结经验打好了基础。

1.从第1度到6400亿度核能电流

1985年3月20日，我国自行设计建造的第一座30万千瓦级压水堆核电站在秦山开工建设。

1991年12月15日0时15分，秦山核电站成功并网发电。中国大陆结束了无核电的历史，实现了核电“零的突破”。

2015年2月12日，第9台机组投入商业运行，秦山核电基地总装机容量达660.4万千瓦，年发电量约500亿千瓦时，约占浙江省全年用电量的15%。秦山核电站成为全国乃至全世界核电机组数量最多、装机容量最大、堆型品种最丰富的核电基地。数据显示，截至2021年2月，秦山核电站累计发电超过6400亿千瓦时。

在技术方面，随着秦山核电基地二期工程、三期工程以及方家山核电工程的相继建成，我国已经先后掌握了10万、30万、60万、100万千瓦级核电技术，并跻身全球先进核电技术行列。秦山核电站从“零的突破”到2020年8台机组WANO（世界核电运营者协会）的综合指数排名世界第一，成为我国核电事业从无到有、从小到大的缩影，创造了一个又一个奇迹，推动我国从“核大国”向“核强国”迈进。

2021年3月18日，我国具有完整自主知识产权的核电品牌——华龙一号海外首堆也成功实现并网发电。

2. 向零碳综合能源供应转型

从实践来看，目前秦山核电站已安全运行累计发电6400亿千瓦时，相当于减排了6亿吨二氧化碳，植树造林404个西湖景区。秦山核电站所处的海盐县的空气质量优良率已连续5年位居嘉兴市首位。

数据显示，2020年全国累计发电量为74170.40亿千瓦时，运行核电机组累计发电量为3662.43亿千瓦时，占全国累计发电量的4.94%。与燃煤发电相比，核能发电相当于减少10474.19万吨燃烧标准煤，减少排放27442.38万吨二氧化碳，减少排放89.03万吨二氧化硫，减少排放77.51万吨氮氧化物。

目前，核能发电已从过去的单纯提供零碳电力，向零碳综合能源供应转型，能为大型工业园区、公共设施、民用生活区等不同业态提供零碳电力、高品质工业蒸汽、集中压缩空气、生活供热、生活供冷等综合能源，核能已经成为零碳、清洁、安全、韧性、智慧的综合能源系统。

3. 打造“零碳未来城”

“碳达峰、碳中和”目标的提出有利于核电事业的发展，这一点是毋庸置疑的。但核电事业发展也正面临一些挑战。

人们对于核电的安全性是有顾虑的，这是核电事业发展面临的一项现实挑战，因此为打消这一顾虑，秦山核电站始终将安全放在第一位，并将打造“零碳未来城”示范基地，让人们切身体会核电的安全清洁。

据了解，零碳未来城的目标是打造国内首个、国际领先的零碳高质量发展示范区，经过未来5～15年的努力，打造以零碳能源为基底，以零碳产业为支撑、零碳生活为目标的零碳未来城，树立生态、生产、生活三位一体，环境、社会、经济效益并举的标杆。

核电发展对我国能源转型意义非常重大，核电也是安全的，但一些自然灾害导致的事故会让公众担忧，因此，我国应继续发展核电，同时要进一步地做好公众沟通工作。

【案例二】

国网天津电力公司碳达峰、碳中和目标落地

国网天津市电力公司贯彻落实国家电网有限公司的碳达峰、碳中和行动方案，促进终端能源消费电气化升级，坚持绿色低碳的发展道路，拓展智慧能源、多能供应等的综合能源服务，推进能源革命先锋城市的建设。

1.打造综合充电服务体系

2021年4月1日清晨，在坐落于天津市西青区中部的张家窝公交专用充电站，一辆辆新能源公交车依次驶出。这座充电站已经与西青赛达园、大寺新家园等十几个公交充电站构成了新能源公交充电网络。

在天津，类似张家窝新能源公交充电网络的新能源供给模式已经遍布全市。“十三五”期间，国网天津市电力公司加快建设充电设施，建成了“0.9、3、5”（中心区0.9千米、市区3千米、郊区5千米）的充电服务圈。截至2021年2月底，国网天津电力累计建成了公交充电站147座、村村通客运充电站18座，为市内4853辆新能源公交车提供充电服务。

2021年年初以来，国网天津电力瞄准打造天津市新能源汽车产业服务体系，探索充电桩建设发展新模式。

2021年4月12日，在河西区翠波道与丽江道交口公交站的外墙上，津门湖综合充电服务中心项目在津门湖电动汽车充换电站的基础上正在建设，现场一片繁忙景象。按照计划，该中心将配置7千瓦交流、V2G等多种类型的充电桩，汇集人工、无线、智能机器人等多种充电方式，打造“光储充放”多功能综合一体站，建立需求响应、调峰辅助服务、电力中长期交易等多品种的互动机制。津门湖综合充电服务中心是集政府监管、品牌运营、产品体验、技术研发、多站融合等多功能场景为一体的城市新能源汽车综合充电服务中心。该中心建成后，将实现天津市新能源汽车与能源、交通、信息通信等多领域相互赋能、协同发展，推动交通领域能源消费绿色转型。

2.推进智慧能源建筑实用化

2021年4月3日，天津滨海供电公司营销部负责人来到正在改造中的中新天津生态城不动产登记中心，对该建筑改造工程提供验收前的技术指导服务。

中新天津生态城不动产登记中心是天津市较早应用清洁能源和节能减排技术，从而实现碳排放减少的建筑之一。该中心作为生态城管委会的办公场所，总占地面积8090平方米，建筑面积3467平方米。随着近年来该中心内用电设备增多，光伏发电设备、密封条等设施逐渐老化，屋顶铺设的光伏板已经无法满足建筑能耗的需求。

2021年1月，国网天津电力与中新天津生态城管委会合作，采取提升供能、优化用能的技术路线，围绕光伏发电系统、储能系统及建筑设备监控系统，实现产能、储能和控能综合效率的提升。同时，该公司依托物联网、BIM和大数据分析等技术，对该中心能源系统运行现状进行实时、量化、准确的可视化监管，构建智慧能源管控系统，将光伏、储能、暖通、照明等系统有机整合、协调优化，提升了该中心能源生产与消耗的精细化管理水平。改造后的中新天津生态城不动产登记中心通过光伏发电，年自主发电量可超过23.4万千瓦时，年减排二氧化碳约234吨，可再生能源占比超过100%。

接下来，国网天津电力进一步深化构建以电为中心的能源消费体系，拟打造“电网带多网、电能带多能”的能源消费模式，依托能源互联网建设，推动电、热、冷、气多能协同和梯级利用，搭建智慧能源服务平台，为用户提供一站式绿色用能解决方案。

3.推广建设绿色智慧用能系统

2021年4月1日，天津市新华中学第一个使用电采暖方式的供暖季结束。2020年11月1日，国网天津电力为新华中学校园内9栋建筑、3.6万平方米的教学楼完成了量身定制的清洁能源供暖改造。改造后的供暖系统给新华中学的学生们带来了不一样的温暖体验，教室内温度可控，让人感觉舒适。这一整个冬天，新华中学的取暖费用较往年节省了近6万元。

该公司还在新华中学部署了智慧能源管控系统，对校方空调供热系统开展数字化平台改造，实现能源运行数据实时采集，提高能源整体运行效率。该系统运行数据能够同步接入天津市能源大数据中心，通过大数据、物联网络技术与其他能源云平台进行协同，为用户提供更加合理、优化的节能方案。

截至2021年4月，该公司已经为天津250余所学校实施了清洁能源供冷、供暖改造，累计面积120余万平方米。

近年来，国网天津电力加强与当地政府相关部门的互动交流，建立了良好的政企合作关系，推动了电能替代产业和智慧能源的发展，为综合能源业务的快速发展创造了良好的外部环境。

“十四五”期间，国网天津电力将加快电网向能源互联网的升级，主动对接天津市委市政府，大力拓展“供电+能效服务”，加强智慧能源平台的建设应用，深化“绿色国网”和省级智慧能源服务平台的应用，提升能效诊断、节能服务的支撑能力，完善需求响应服务、有序用电管理的功能。

14

第十四章

钢铁行业碳中和实践

钢铁行业是能源消耗高密集型行业，也是制造业31个门类中碳排放量最大的行业。因而，在2030年“碳达峰”和2060年“碳中和”的目标背景下，钢铁行业有义不容辞、必须履行的责任和义务。

一、钢铁行业的认知

钢铁行业是生产生铁、钢、钢材、工业纯铁和铁合金的工业，包括金属铁、铬、锰等的矿物采选业、炼钢业、炼铁业、钢加工业、钢丝及其制品业、铁合金冶炼业等细分行业，是国家重要的原材料工业之一。

除此之外，钢铁生产还涉及非金属矿物的采选和制品等其他一些工业门类，如碳素制品、焦化、耐火材料等，因此这些工业门类也被纳入钢铁工业范围中。

二、钢铁行业碳排放现状

我国钢铁行业作为国家经济建设的基础性产业，拥有世界上最大规模的、最完整的钢铁工业体系。但是，钢铁行业也消耗了大量的煤炭和铁矿石资源，是我国制造业31个门类中的碳排放量大户，碳排放总量占全国碳总排放量的15%左右，是仅次于电力行业的第二大碳排放行业。

2020年我国粗钢产量占全球粗钢产量的57%，碳排放量达到全球钢铁碳排放总量的60%以上，占全国碳排放总量的15%左右，是国内碳排放量最高的工业行业。

从部分省市来看，钢铁行业二氧化碳排放量较高的地区均为钢铁厂集中的地区，其中河北省作为我国唯一粗钢产量超过2亿吨的钢铁大省，其二氧化碳的排放量遥遥领先于其他省份，碳减排的压力巨大。

站在全球应对气候变化，共同推进低碳发展的大背景下，中国钢铁行业必须从产业历史变迁、能源结构改善、科技创新发展各个维度，深入研究未来钢铁行业演进之路，在中国如期实现“碳达峰、碳中和”目标进程中勇担重任。

三、钢铁行业碳排放源探析

长流程炼钢工艺是造成行业较高碳排放强度的主要原因。

从生产工艺来看，国内长流程（烧结/球团—高炉—转炉—轧钢）生产工艺的二氧化碳排放要大大高于短流程工艺（废钢—电炉—轧钢）。其主要原因在于长流程生产工艺是以煤炭为能源、焦炭为还原剂来进行辅助冶炼，而煤炭和焦炭是钢铁行业产生二氧化碳排放的主要来源。根据相关专题报告数据，全废钢电炉短流程吨钢二氧化碳排放量只有0.5 ～ 0.7吨，远远低于长流程吨钢排放2.0 ～ 2.4吨的水平。

从长流程各主要环节来看，炼铁环节二氧化碳排放量最大，占整个长流程生产碳排放总量的73.6%，其次为烧结环节。

目前，我国主流的炼钢技术仍然是长流程工艺。近几年来，以长流程工艺生产的粗钢产量占全国粗钢总产量的比重始终维持在90%左右，这是造成钢铁行业较高碳排放强度的主要原因。

所以，钢铁行业要实现“碳达峰”“碳中和”目标，必须在长流程钢铁企业身上下很大功夫，即限制甚至压缩长流程钢铁企业产量，增加短流程钢铁企业产量占比，并在技术工艺允许的条件内尽量提升转炉中添加废钢的比例，用废钢资源替代焦炭和铁矿石等产生高污染、高排放的原料，以及用电弧炉替代高炉、烧结和转炉等高排放设备。中国废钢进口和回收政策趋向宽松，短流程炼钢代表未来发展方向。

数据显示，我国长流程炼钢企业平均吨钢二氧化碳的排放量在2.1吨左右，而短流程吨钢二氧化碳的排放量仅0.9吨。各地也在积极布局发展短流程产能，转变及优化钢铁的产能结构，以实现碳减排和环保的目标。

四、钢铁行业碳中和实现的路径

从钢铁企业碳排放总量来看，降低钢铁企业碳排放的主要措施在于图14-1所示的5个方面。

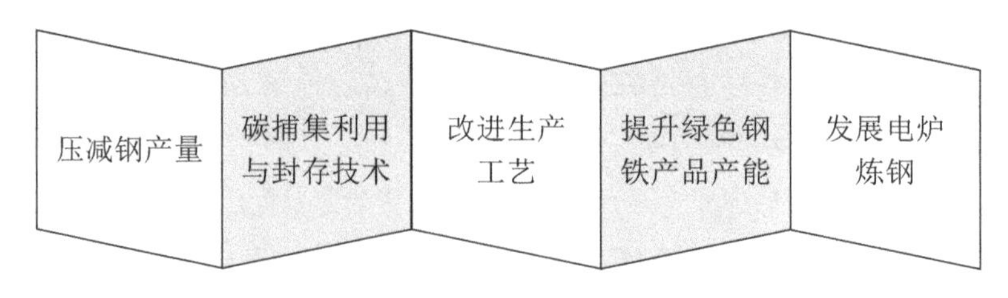

图14-1　钢铁行业碳中和实现路径

1. 压减钢产量

就目前来说，最能立竿见影、短期内效果最明显的还是通过环保、质量、能耗等指标压减钢产量。压减钢产量，具有图14-2所示的意义。

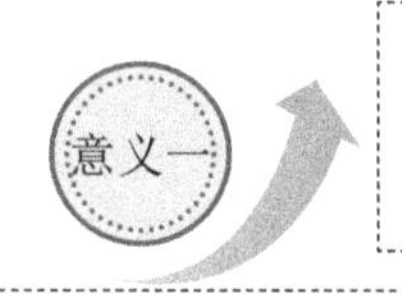

在短期内有助于达成国家有关部委的年度目标，在中长期可以使得钢铁行业“碳达峰”的拐点提前，给其他行业“碳达峰”留足空间

将会改变此前钢材供应宽松和钢铁原料需求过于旺盛的格局，协调钢铁产业链上下游比例关系，减少2018～2020年以来焦炭铁矿石等原料价格大幅上涨给钢铁企业带来的成本上升压力，促进钢铁生产利润在产业链各环节的合理分布

图14-2 压减钢产量的意义

国家发改委、工业和信息化部将于2021年组织开展全国范围内的钢铁去产能“回头看”检查以及粗钢产量压减工作，以引导钢铁企业摒弃以量取胜的粗放发展方式，促进钢铁行业的高质量发展。

资讯平台

山东省生态环境厅发布《全省“十四五”和2021年空气质量改善目标及重点任务》，提出对全省产业结构进行调整，计划在“十四五”期间，“退出炼钢产能1876万吨、炼铁产能1397万吨，到2025年，10%以上高炉—转炉长流程企业完成电炉短流程转型”。为改善2021年的空气质量，要求在2021年12月底前，淘汰炼钢产能465万吨、炼铁产能507万吨，关停、退出地炼产能780万吨、焦化产能180万吨，以降低相关污染物的排放量。

相关链接

工信部：四方面压减钢铁产量

在2021年1月26日的国新办新闻发布会上，工信部新闻发言人、运行监测协调局局长介绍，钢铁压减产量是我国完成碳达峰、碳中和目标任务的重要举措，工信部将从四方面促进钢铁产量的压减。工信部将研究制定相关工作方案，以确保2021年

全面实现钢铁产量的同比下降。

一是严禁新增钢铁产能。对那些必须建设的钢铁冶炼项目严格执行产能置换的政策，对违法违规新增的冶炼产能行为则加大查处力度，不断地强化能耗、环保、质量、安全等要素的约束，以规范企业的生产行为。

二是完善相关的政策措施。工信部和发改委等相关部门应研究制定新的产能置换办法和项目备案的指导意见，以进一步巩固钢铁去产能的工作成效。

三是推进钢铁行业兼并重组。为解决资源配置不合理、研发创新协同能力不强、行业同质化竞争严重等方面的问题，应推动提高行业集中度，提高行业的创新能力和规模效益。

四是坚决压缩钢铁产量。结合当前钢铁行业发展的总趋势，着眼于实现碳达峰、碳中和的阶段性目标，逐步建立以污染物排放、碳排放、能耗总量为依据的存量约束机制，研究制定相关工作方案，以确保2021年全面实现钢铁产量同比的下降。

除此之外，当前我国铁矿石对外的依存度达到80%，为加强我国铁矿资源的保障能力，工信部和相关部门正在推进有关工作，打造具有全球影响力和市场竞争力的海外权益铁矿山。

2.碳捕集利用与封存技术

CCUS技术被认为是有望实现二氧化碳大规模减排的技术，尤其适用于排放强度高的集中点源—钢铁行业，因此这一技术应用于钢铁行业以减少二氧化碳排放的可行性及潜力非常大。

目前，CCUS技术大都还处于研发示范的阶段，还存在投资成本高、CO_2泄露风险高、捕集利用与封存能耗高等突出问题，需要政府、企业共同参与合作才能加快CCUS的大规模商业化应用。

3.改进生产工艺

钢铁企业可以对生产工艺进行技术升级改造，逐步推动清洁能源取代化石能源，从而实现在不影响经济发展的情况下减少碳排放。

目前，比较受关注的是氢能炼钢。氢能炼钢的核心是需要便宜氢能供给，目前主流制氢方法有水煤气制氢、由石油热裂的合成气和天然气制氢、电解水制氢，由于全球第四代核电站的推广，核能制氢也逐渐发展起来。

氢能炼钢是近十年来钢铁行业减少二氧化碳排放量的全新前沿技术。以氢代替碳是钢铁行业实现高质量发展的重要出路。目前，国内外多家钢铁企业对氢能炼钢已经进行了深度布局。

比如，安赛乐米塔尔建设氢能炼铁实证工厂、奥钢联H2Future、德国蒂森克虏伯氢炼铁技术、日本COURSE50等。

国外诸多项目都已进入试验或者建设阶段，我国氢能炼钢起步晚，有少数钢铁企业已有布局。

比如，河钢集团的氢能冶炼技术，主要从氢气直接还原、低成本制氢、气体净化、水处理、二氧化碳脱出和深加工等全流程技术研发展开，通过富氢气体代替煤炭、焦炭作为能量的来源和还原剂，从源头上减少碳排放量。

除此之外，河钢集团长流程冶炼产生的二氧化碳通过回收制成可利用的产品销往下游，避免直接排入大气中产生温室气体效应，从而实现了碳排放从负价值到正价值的转变。

4.提升绿色钢铁产品产能

简单来说，绿色钢铁产品就是以符合环保法规为最低要求，并在钢铁产品设计和制造过程采用节能减排、降低消耗的工艺，而且极大地满足和促进下游行业产品的设计、制造、运输、使用、回收、再利用和废弃等全生命周期内能够降低对环境质量和人体健康的负面影响的钢铁产品。

这就要求钢铁企业在钢铁产品的制造过程中，生产更多长寿命、强耐腐蚀性、轻量化的高附加值产品，从而促进下游降低钢材消耗量进而达到降低能耗和减少碳排放。

“十三五”以来，为引导绿色钢材的生产和供给，钢铁行业已先后制定了11项协会团体标准，促进长寿、耐蚀、高强绿色产品的开发，推进钢铁供给侧的绿色升级改造。“十四五”期间，钢铁行业将进一步提升钢铁供给侧智能化、绿色化制造水平，优化钢铁产品的供给结构和改善供给质量。

5.发展电炉炼钢

高炉的吨钢碳排放量在2.0吨左右，电弧炉的吨钢碳排放量在0.8吨左右，因此大力发展电炉炼钢也有助于实现“碳中和的目标”。电炉炼钢主要是利用电弧热，因为在电弧作用区的温度高达4000℃。冶炼过程一般分为熔化期、氧化期和还原期，在电炉内不仅能造成氧化气氛，还能造成还原气氛，因此脱磷、脱硫的效率非常高。

从目前来看，欧洲、美国、印度等国家的电炉钢占比60%左右，亚洲其他国家占比在20%～30%，只有我国为10.4%，相对较低。

一直以来，我国电炉钢的发展一直受到废钢资源短缺的制约，经过21世纪初的高速发展，到2018年我国的钢铁积蓄量达到90亿吨。随着钢材制品报废周期的到来，我国废钢资源的短缺现象将得到改善。中国工程院《黑色金属矿产资源强国战略》项目研究表明，到2025年，我国钢铁的积蓄量将达到120亿吨，废钢资源年产量将达到2.7亿～3亿吨。2030年，我国钢铁的积蓄量将达到132亿吨，废钢资源的年产量将达到3.2亿～3.5亿吨。届时，我国废钢的资源将会供应充足，短流程炼钢的优势将会逐渐体现出来，根据当前的粗钢产量计算，当电炉粗钢比例达到25%时，我国钢铁行业的碳排放量将降低10.2%，年减排达1.94亿吨二氧化碳。

电炉炼钢相比于转炉炼钢可以节省60%的能源、40%的新水，可减少86%的废气、76%的废水的排放，也将减少72%的废渣、97%的固体排放物。当前我国电炉炼钢占比仅为10%，世界平均水平为25%；我国废钢使用占比为20%，全球平均使用占比为40%。同时电炉炼钢的发展也对钢企的低碳转型发展有促进作用。

未来，随着我国钢铁产业进一步向峰值区中后期发展，国家产能置换、环保、土地、财政等政策的倾斜，废钢资源、电力等的支撑条件逐步完善，以及碳排放权的强制性约束作用逐渐增强，电炉钢占比将开始逐步回升，特别是环境敏感地区和“2+26”大气通道城市的城市钢厂、城市周边钢厂技改中，新建电炉钢的比例将会更高。届时，电炉短流程炼钢将进入探底回升的起步阶段，我国的电炉钢比例将发展到15%。

相关链接

钢铁企业如何制定碳达峰行动方案

目前，钢铁企业的降碳途径受多种因素制约。钢铁企业要大幅度降低碳排放，在制定碳达峰行动方案时应注重以下3个方面的问题。

1.应注重源头、过程和末端治理并重

钢铁企业达峰行动方案制定应突出结构调整和源头控制，强调全流程、全过程的环境管理。应从原材料的生产运输、钢铁产品的生产等方面进行系统的考虑。

目前钢铁企业的降碳途径主要包括减少钢铁产量、高炉长流程向电炉短流程转型、实施节能改造、开发低碳冶炼工艺、发展清洁能源、开发碳捕集利用与封存技术等。除实施节能改造外，大多数途径的大规模应用还受到诸多现实条件的制约。

（1）我国经济发展离不开钢铁产品的支撑，钢产量短期内难以大幅下降。

（2）电炉短流程置换的政策支持力度不足。

（3）企业发展风能、光伏清洁能源受地理位置、场地等因素制约。

（4）缺乏成熟可靠且经济可行的新型低碳冶炼工艺、碳捕集利用与封存技术等。

（5）钢铁企业对于低碳发展的认知还较为模糊，人才储备有待加强，管理监控体系还不健全，短期内要全面实施碳减排基础较为薄弱。

这系列限制因素制约了钢铁企业低碳发展。钢铁企业要大幅度地降低碳排放量，目前的主要精力还是要放在高质量地实施超低排放的改造上。因此，钢铁企业在制定碳达峰行动方案时应对各污染源分类综合施策，强化源头削减、严格过程控制、优化末端治理，从而实现常规大气污染物和碳协同减排。

2.需加强内部结构优化，实施精细化管理

根据冶金工业规划研究院多年的研究和实践经验，在钢铁生产源头，通过实施储运设施机械化改造，替代厂内汽车倒运和非道路移动机械作业，可减少柴油用量2～5L/t钢；实施烧结机头烟气循环，可减少固体燃料消耗约1～3kg/t矿，降低电耗约3kW·h/t矿；实施高炉炉顶料罐均压放散煤气回收改造，可减少高炉煤气排放约$5m^3$/t铁；合计可减少碳排放量11～19kg/t钢。除此之外，实施高炉煤气精脱硫，既可避免大量煤气用户配套末端治理设施而带来的能耗增加，还可以为下一步高炉煤气分离捕集二氧化碳奠定基础。

在生产的过程中，企业要注意加强产尘点的封闭和密闭，要兼顾治理设施和生产设施的同步运行，减少治理设施的无效运行和能源浪费。除此之外，钢铁企业在运输环节也应加快进行清洁运输的改造。经初步测算，当实施清洁运输改造后，碳排放量可减少约8～13kg/t钢。因此，在钢铁业内还需提高大宗物料和产品清洁方式运输的比例。

在治理末端，不少钢铁企业还存在末端治理的惯性思维。为了达到超低排放限值，一些钢铁企业往往一味地堆砌末端治理设施，这不仅难以取得预期效果，反而还会增加无效的能耗和成本，增加碳排放量。这也会导致管理者对于结构优化、精细化管理等的关注不够。

据了解，首钢股份公司下属的一家钢铁厂实施源头和过程协同减排改造后，治理设施的运行能耗降低了12%，按钢铁企业除尘系统电耗约150kW·h/t钢测算，碳排放量可减少约11kg/t钢，不仅源头和过程环节碳排放量减少了，还可以中和掉因末端治理而增加的碳排放量。

3.建立全方位、全流程的监测监控体系

根据生态环境部发布的《钢铁企业超低排放评估监测技术指南》，要减少碳排放量，需要进一步完善整个钢铁行业的监测监控体系。

钢铁行业通过建立完善的监测监控体系，可以彻底地梳理清楚各个钢铁企业的家底。基于生命周期评价（LCA）的碳排放分析，这可以为钢铁产品的碳排放提供量化依据与节能降碳的指导性建议。

据了解，生命周期评价能够充分量化产品碳排放、碳足迹数据，是国际通用、全球认可的标准和方法。

欧盟、美国、日本等国家和地区已经开展了产品生命周期评价和环境产品声明

（EPD）验证。欧盟发布的《为能源相关产品生态设计要求建立框架的指令》（ErP指令），就是基于生命周期评价的方法理论。

我国有部分钢铁企业也已开始对LCA进行自主研究。

比如，宝钢集团有限公司中央研究院（技术中心）从2003年开始对LCA开展研究，现在已扩展到各大产品项目。2018年开展的名为“BCB Plus生命周期评价与生态设计”项目在全生命周期思想指导下，用于超轻型汽车车身的生产，生产过程中减少二氧化碳排放量253千克。

包头钢铁（集团）有限责任公司也开展了生命周期评价的研究工作，自主研究开发了集数据采集、运算分析、结果展示等功能于一体的钢铁产品生命周期评价在线系统。其建成的在线产品生态设计平台，可以清晰地呈现出钢铁制造过程中的用能和排放情况，为开发生态产品提供依据。

钢铁企业应结合下一步的碳减排需求，对生产末端产生的有组织排放、无组织排放和清洁运输等各环节进行全方位的信息采集。

在超低排放监控体系的基础上，钢铁企业可以进一步加强自主研究，推进物联网、大数据、云计算、区块链等互联网技术的应用，基于生产实时数据进行碳排放的全流程管控，实现碳排放的目标管理、监测预警及监督考核，打通数据链条，最终实现大气常规污染物及碳排放一体化协同监控，实现由粗放型管理向集约化管理、由传统经验管理向数字化管理的转变。

五、钢铁行业碳中和案例

钢铁企业是实现碳达峰、碳中和目标的重要责任主体。向低碳转型，是钢企必须履行的责任义务，也是钢铁行业发展的必然要求。

【案例一】

河钢集团加快实现低碳绿色发展

2021年3月12日，河钢集团作为全球最大的钢铁材料制造和综合服务商之一发布了低碳绿色发展行动计划，提出了以下目标：2022年实现碳达峰，2025年实现碳排放量较峰值降低10%以上，2030年实现碳排放量较峰值降低30%以上，2050年实现碳中和。

在此之前，河钢集团为加快实现低碳绿色发展，一直在行动。

1.累计投入203亿元，实施了430余项重点节能环保项目

在河钢集团唐钢新区的厂区与码头之间的管廊，是生产运输的大动脉，也是环保屏障。海上运来的物料全部通过皮带通廊直接入仓，从源头上解决了汽车运输尾气排放、二次污染等污染问题。

河钢唐钢新区优化全流程工艺，尽管尚未完全达产，但吨钢二氧化碳排放量较老区减少0.15吨，全部达产后还将继续减少。

通常，炼铁环节的二氧化碳排放量占比最高。河钢集团的高炉炉料配比中，球团矿比例占到40%～60%，通过提高用能效率，大幅实现减碳，同时有效改善高炉入炉矿品位，降低渣比。

在炼铁—炼钢环节，装满铁水的铁包全程加盖、快速周转，直达脱硫站。相比传统倒罐工序，有效降低重包和空包的温降，相较以前用鱼雷罐能够减少将近50℃的温降，从而减少外部能源消耗，实现减碳。

河钢唐钢新区充分考虑“炼铁—炼钢、炼钢—连铸、连铸—轧钢”等各个环节的短流程优势，在设计上追求能量流、排放流、物质流最小化，有效缩短过程时间和空间，将生产过程中的碳排放量降到最低。

对于钢铁生产过程中伴生的高炉转炉富余蒸汽、煤气，河钢唐钢新区将之回收后进行并网发电，再用于钢铁生产中。项目全部投产后，利用余热余能余压发电，新厂区自发电率将达到90%，大大提升能源综合利用水平。

近年来，河钢集团积极地践行新发展理念，在国内率先探索并实践绿色转型。

从渤海之滨到太行山下，如果说河钢唐钢是全流程工艺的碳减排，那河钢石钢则是工艺源头的降碳。

河钢石钢新区具有钢铁行业最绿色的能源利用体系——以电和天然气为主要能源，并配套被动式建筑和生产余热利用设备。零煤、零焦炭的清洁能源结构，大幅降低了碳排放量。

在这里，能耗大户就是炼钢设备。在电炉车间，高高矗立着2座双竖井废钢预热直流电弧炉。这是由世界综合冶金设计实力最强的西马克集团设计的最先进直流电弧炉，冶炼电耗可降低45%。河钢石钢新区作为钢铁行业高效节能的典范，应用了80多项国内、国际先进节能技术，实现吨钢能耗降低62%。

废钢—电炉炼钢—轧钢……在河钢石钢新区，钢铁行业最绿色环保的流程布局——短流程炼钢分外亮眼。相较长流程，短流程主要以废钢为原料，不仅变废为宝，而且省去了烧结、高炉、焦化等碳高排放量的生产环节，等量级的生产规模可实现污染物减排达75%以上。

相比老厂区，河钢石钢新区的二氧化碳排放量削减了52%。公司建立智能化的企业能源管理系统，实现了用能过程的一级调度、一体化管控，利用大数据不断挖掘节

能潜力，促进能源的梯级利用、资源的重复利用。

2.优化能源结构，提升技术工艺，加快实现碳达峰

河北是钢铁大省，正试图打破煤和铁这对炼铁能源的传统组合。

河钢集团于2021 年3 月12 日宣布将在张家口市宣化区建设一座年产达120万吨炼钢原料的氢气直接还原厂，较传统的“高炉—转炉”流程，将减少40% ～ 60%的二氧化碳排放量。

项目一期60万吨采用焦炉煤气做还原气，计划于2021年底投产。建成后，将是全球首座使用富氢气体直接还原铁的工业化生产厂。二期60万吨将采用太阳能、风能等可再生能源进行电解水制氢做还原气，从而实现无化石能源冶炼。

河钢集团与意大利特诺恩集团、中钢国际工程技术股份有限公司进行合作，借智借力，将从分布式绿色能源利用、氢气直接还原、二氧化碳脱除、低成本制氢等全流程和全过程进行创新研发，探索世界钢铁工业发展低碳甚至零碳经济的最佳途径。

“十四五”时期，河钢集团还将在唐山、邯郸分别建设一座120万吨生产线，全力打造全球氢能还原与利用技术研发中心，引领世界低碳冶金革命。

为实现能源绿色低碳发展，河钢集团将加大可再生能源的开发利用，调整优化能源结构，减少化石能源消耗，发展风电、太阳能、干热岩、生物质能等新能源，持续加大绿色电力的消耗占比。

河钢集团将继续优化产业布局，变革业务流程结构，推动装备大型化、绿色化、智能化，实现工艺及装备的智能化升级，达到全流程工艺的碳减排。

从工艺源头降碳，加强废钢利用，推动长流程向短流程的变革，对钢铁行业的碳减排具有重要的作用。据统计，多用1吨废钢将减排1.6吨二氧化碳。河钢集团预计在2030年电炉短流程占比达到25%，转炉废钢利用比提升至20%。

3.掌控稳定优质废钢供应渠道、建设废钢加工网络

河钢集团拟在河钢石钢新区实施报废汽车废钢资源化再利用项目，以报废汽车拆解为切入点，深耕废钢上下游市场，逐步稳定废钢供应渠道，建设废钢加工网络，最终建成以京津冀为核心，辐射全国的汽车拆解和废钢回收、加工、仓储、配送一体化的废钢产业，打造低碳、绿色、环保型标杆企业。

2021年3月，河钢集团启动全生命周期评价工作，助力钢铁材料性能和寿命提升。健全产品全生命周期技术研发、评价和服务体系，建设以产品为核心的上下游生态圈，从产品的全生命周期考虑碳减排。

CCUS技术是实现碳中和的重要技术，受到世界各国的高度重视。“十四五”时期，河钢集团将积极开展CCUS负排放技术的研发与应用。计划2030年前在二氧化碳的低成本捕集、高值化利用、大规模封存等方面取得关键性突破，并建成CCUS的示范应用，增加碳汇。

【案例二】

鞍钢节能减排助力绿色发展

能源是大生产的“动脉”，是钢铁企业成本构成的“大户”，如何提升能源利用效率，降低能源消耗，是摆在每个生产单位面前的一项重要课题。作为能源管理的职能中心，鞍钢股份能源管控中心以钢铁生产为依托，不断创新管理思路，强化运营管控，主动出击，精准发力，为推进节能减排、绿色制造做出积极贡献。

1.集约减量，成效显著

该中心通过优化厂区用水布局，“重启”南山储水槽，实施错峰补水、阶段提压、按质供水等多种调控措施，实现新水系统每小时减量供应200吨以上，节水效果明显。在保证生产及液体外销任务的前提下，该中心积极调整制氧机组、液化装置的运行方式，实现氧气系统制氧机组“1+4”稳定运行，有效地降低了运行成本。该中心大力推进关停并转和管网优化重组，2019年累计关停站所25座，停运水管道180千米、煤气管道29千米、蒸汽管道22千米、供电线路和电缆42千米，成果显著。

2.经济节能，高效生产

该中心积极组织推动电力系统经济运行，优化线路布局，加大力率电费、基本电费、电度电费管控，自主研发电力成本分析系统，及时调整系统运行方式，推行用电峰谷平管理，对生产线合理使用电能提供正确指导策略，产生了可观的经济效益。该中心优化蒸汽、煤气，进行平衡调整，合理组织180MW发电机组、二发电300MW CCPP机组运行，实施锅炉增烧焦炉煤气改造项目，最大限度实现降煤耗、少放散、多发电，为实现焦炉煤气零放散与季节性、阶段性零烧煤提供有力支撑。

3.绿色环保，保护生态

该中心充分发挥了西大沟污水处理系统和北大沟污水处理系统效能，加大污水处理和管理，每小时累计可“再生”新水超过1500吨，实现鞍山钢铁本部非汛期零排放。绿水青山就是金山银山，该中心推动大伙房生活水项目顺利投产，有效改善了厂区生活水水质，保护了地下水资源。通过实施西大沟暗渠绿化工程，对六制氢等项目进行绿化改造，对环水12格、5水站、15水站进行回填和绿化，回填土约4.5万立方米，植草4400坪，栽植树木13600株，生态环境得到有效改善。

随着能源系统精益管理与能源集控中心建设的逐步推进，更加科学的能源系统也将在不久的未来逐步建成，为鞍钢的绿色发展再添新动能。

15

第十五章 房地产行业碳中和实践

根据联合国政府间气候变化专门委员会的数据，全球36%的碳排放量与建筑业有关。我国正处于快速城镇化建设过程中，这个比例则高达40%以上。作为我国经济发展的支柱型产业，房地产行业实现“碳中和”的意义深远。

一、房地产行业的认知

房地产业是指以土地和建筑物为经营对象，从事房地产开发、建设、销售、管理以及装饰装修、维修及服务的集多种经济活动为一体的综合性产业，是具有基础性、风险性、先导性和带动性的产业。

二、房地产行业碳排放现状

房地产行业在实现温室气体减排目标的过程中发挥着重要作用。据《中国建筑能耗研究报告》统计，中国建筑部门的碳排放量约占全国碳排放总量的20%，如果以建筑的全过程来看，以2018年为例，中国建筑全过程的碳排放总量为49.3亿吨标准煤，占全国碳排放量的51.3%。可以说，房地产和建筑行业及相关企业作为碳排放的主要责任者，需开展全产业链的节能减排行动。

2021年4月，在万科公益基金会和自然资源保护协会及多家单位的支持下，大道应对气候变化促进中心（C Team）和北京市企业家环保基金会联合发布了《房地产企业应对气候变化行动指南》，为房地产及其上下游企业开展节能减排、实现碳中和提出了指导性建议。

该指南面向房地产全行业，内容涉及房企气候变化相关风险、机遇，以及财务影响和应对办法。指南的技术支持方相关负责人表示，房地产企业不仅本身需要碳排，更需带动上游节能减排，整体价值链实现碳达峰、碳中和。

该指南最大的篇幅是如何节能减排，涵盖到节能减排与绿色建筑、原材料及水资源和绿色供应链、废弃物的排放，以及与行业息息相关的气候变化的适应能力。

《房地产企业应对气候变化行动指南》（节选）

5. 气候变化应对管理体系

为充分回应监管机构、投资者等利益相关方诉求并顺应房地产行业的长期发展趋势，企业需要对气候相关问题具备完善的识别、评估、管理及信息披露能力，并系统性地搭建完善的气候变化应对管理体系。

5.1 管治架构搭建

地产企业普遍应用的气候变化相关管治架构模式为下图所示的三类。

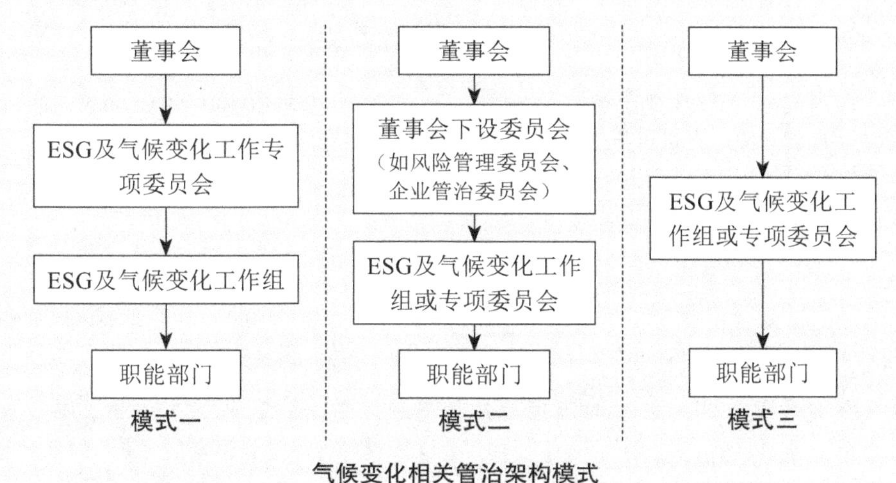

气候变化相关管治架构模式

5.2 碳核算及情景分析

5.2.1 碳核算。碳核算为企业了解自身碳排放情况提供必要的数据基础。地产企业应重点关注其范围内碳减排潜力，如下图所示。

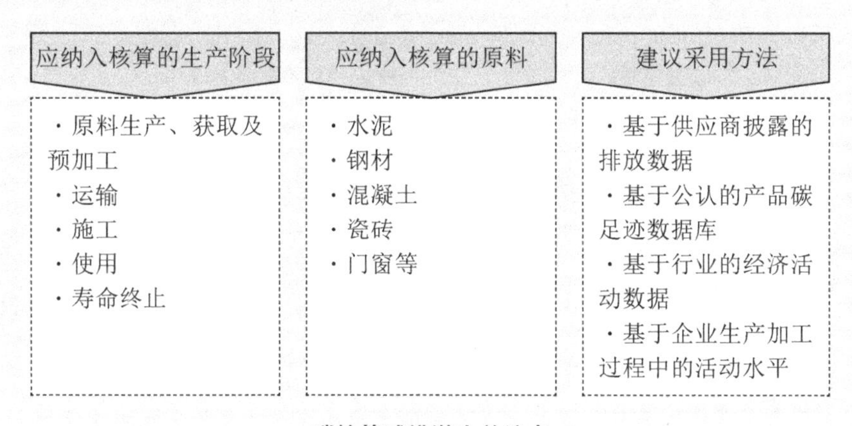

碳核算减排潜力关注点

5.2.2 情景分析。面对外部不确定性，企业可以通过专业机构所选定的气候情景作为气候风险和机遇识别及分析的假设，或可自行开展情景分析，深入了解不同气候情景的影响。

5.3 目标设定

制定科学合理、现实可行的目标可以帮助企业有方向性和目的性地规划温室气体减排路径，同时为企业定期检讨自身温室气体减排和能源转型进展提供参考基准和提升方向，激励企业采取更有效率的气候行动。如下图所示。

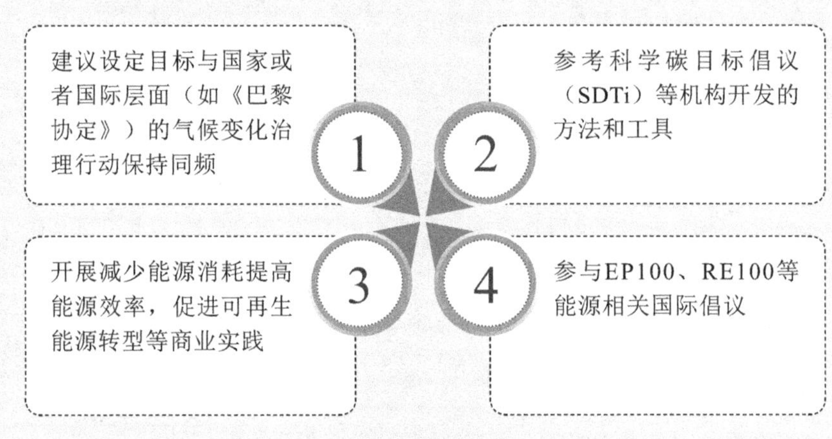

目标设定的方法

5.4 节能减排行动

企业在完成气候相关目标的制定后，如何选取适当、高效的方法和工具以实现目标成为关键。同时，地产行业价值链蕴含着极大的节能减排潜力。

针对各地产行业主要气候相关议题，企业可选择的提升方向见下表。

主要气候相关议题及提升方向

房地产企业常见的重要气候相关议题	气候相关提升方向
节能减排与绿色建筑	（1）提升建筑物能源使用效率 （2）减少建筑物能源使用及碳排放 （3）低排放或可再生能源来源 （4）碳市场交易 （5）绿色金融
原材料、水资源及绿色供应链	（1）提升材料及水资源使用效率 （2）减少材料及水资源使用及循环利用
废弃物排放	（1）提升废弃物回收效率及处理能力 （2）减少废弃物产生
生物多样性与气候变化抵御能力	（1）加强自然生态保护、开发地周边社区韧性建筑 （2）提升建筑气候抵抗力及室内环境

5.5 发挥气候领导力

气候领导力意味着企业自身具备出色的气候相关管理能力，如完备的信息披露、完善的风险识别及管理、制定有雄心的目标，而且可以发挥自身影响力，带动所处行业的价值链上下不同利益相关方共同采取目标一致的行动。如下图所示。

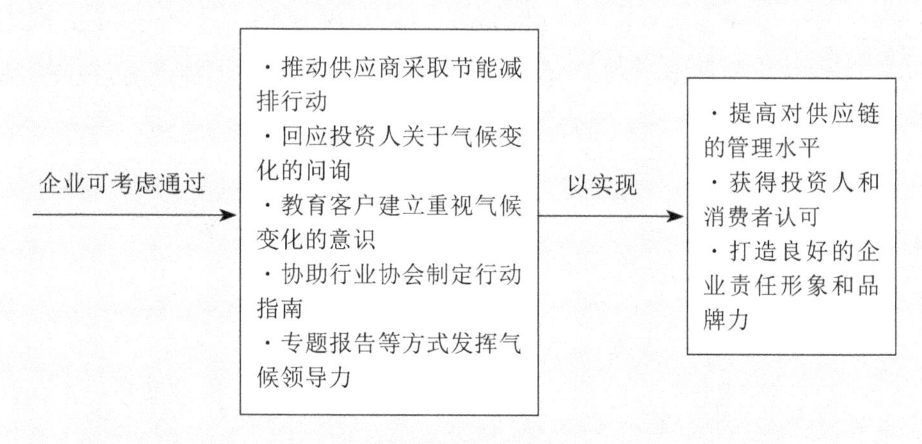

发挥气候领导力的方式

5.6 信息披露

房地产企业资产和运营极易受气候变化影响，因此监管机构、资本市场及其他利益相关方对企业披露关于气候风险及相关的财务信息尤为关注。

气候变化相关信息披露指引如下。

5.6.1 气候相关财务信息披露。《TCFD建议报告》如下图所示。

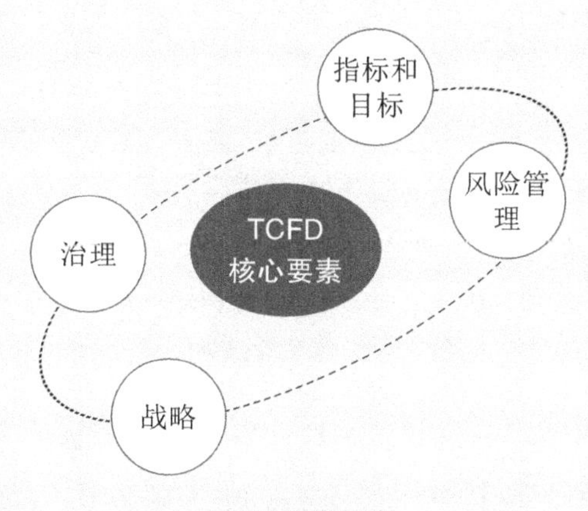

TCFD建议报告

5.6.2 针对房产行业以及所有行业普适的信息披露标准、指引。

（1）直接涉及气候相关信息披露要求。

（2）间接通过环境、温室气体排放及风险管理提出要求。

三、发展绿色建筑

住房和城乡建设部颁布的《绿色建筑评价标准》2019版将绿色建筑赋予了“以人为本”的属性，重视人居品质和健康性能的特征。也就是说，绿色建筑是指建筑物在全生命周期内，最大限度地减少污染、保护环境、节约资源，为人们提供高效、适用、健康的使用空间，最大限度地实现人与自然和谐共生的高质量建筑。

1.绿色建筑的特点

与普通建筑相比，绿色建筑有图15-1所示的特点。

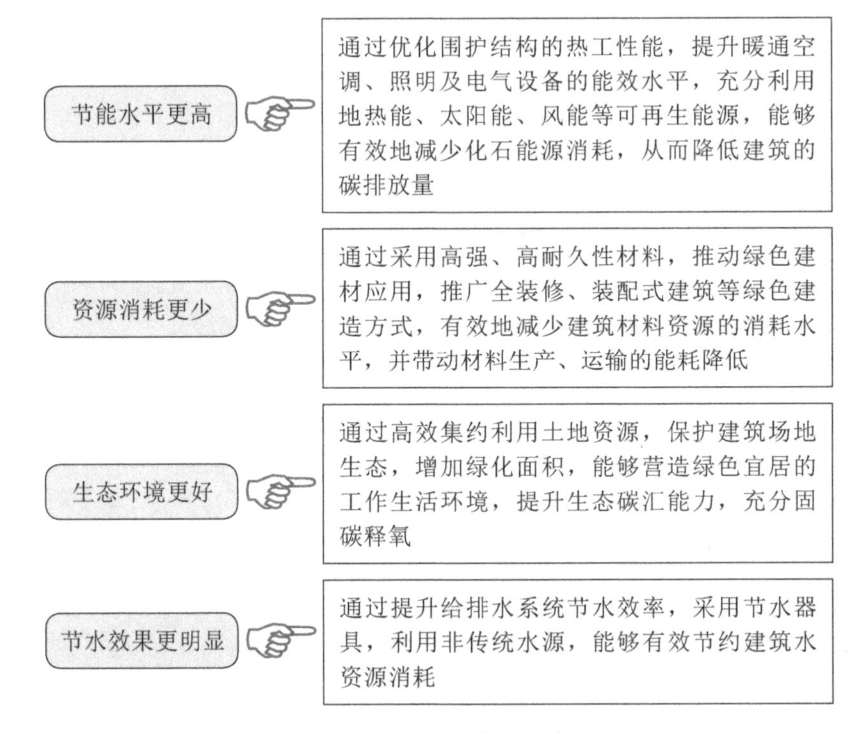

图15-1 绿色建筑的特点

有别于传统的建筑体系，绿色建筑关注的不只是建筑自身，还包括加强资源节约与综合利用，保护自然资源，体现“绿色”化，能够因地制宜，充分利用自然条件。

比如，佛山顺德的地标性建筑——碧桂园总部办公大楼是一栋以绿色生态为设计主题的绿色节能生态办公建筑。绿色管理思路在这栋生态办公大楼里得到了充分体现。其中，节能门窗及建筑自遮阳设计是一大亮点。布满绿植的阳台将直射阳光转化为漫射光，搭配高透光Low-E的中空玻璃，在阻挡太阳光辐射热的同时，保留可见光波段进入室内，有效地降低了室内空调与照明的能耗。

2.出台政策推动绿色建筑

在中央层面，住房和城乡建设部在2020年会同国家发改委等多部门共同印发了《绿色建筑创建行动方案》，其目的是：推动新建建筑全面实施绿色设计，提升建筑能效水平，提高住宅的健康性能，推广装配化的建造方式，推动绿色建材的应用，加强技术研发的推广。

2021年2月，国务院印发了《关于加快建立健全绿色低碳循环发展经济体系的指导意见》（以下简称《指导意见》）。其中，在“改善城乡人居环境”部分中，《指导意见》明确指出，“开展绿色社区创建行动，大力发展绿色建筑，建立绿色建筑统一标识制度，结合城镇老旧小区改造推动社区基础设施绿色化和既有建筑节能改造。”

在地方层面，已有26个省（区、市）发布了地方绿色建筑创建实施方案，而且对地方绿色建筑创建工作的落实情况和取得的成效开展了年度总结和评估，及时地推广先进经验和典型做法。

截至2021年4月，广东、浙江、江苏、辽宁、宁夏、河北、内蒙古等地颁布了地方绿色建筑条例，天津、山东、江西、青海等地发布了绿色建筑政府规章。

相关链接

深圳发布国内房地产行业的首份绿色质造公约

2021年4月22日是第52个世界地球日。当天，国内房地产行业在深圳发布了首份绿色质造公约——《招商蛇口供应链“碳中和”绿色质造公约》。根据这一公约，招商蛇口将联合2.8万家企业在“双碳目标”的共识下，共建碳管理，协力可持续绿色发展。

公约以“改革创新承载者、城市活力承载者、生活空间承载者、绿色发展承载者、人文和谐承载者”为理念，发起减少碳排放量、降低对生态环境的负面影响、提高资源效率等方面的倡议，将联合国可持续发展目标融入日常运营和城市的升级发展中，目的是推动企业和城市的可持续发展。

3.提高绿色建筑节能减排效率

绿色建筑是本着节约能源、提高资源利用率的原则，为人类提供环保、清洁、安全、高效的环境，并且使人与环境以及建筑相互适应、相互融合的新型建筑。因此，房地产建筑行业应该将节能减排贯穿在绿色建筑形成的整个生命周期，通过不断地更新技术、采用合理的管理手段来监督建筑的全生命周期内的节能减排效率。具体措施如图15-2所示。

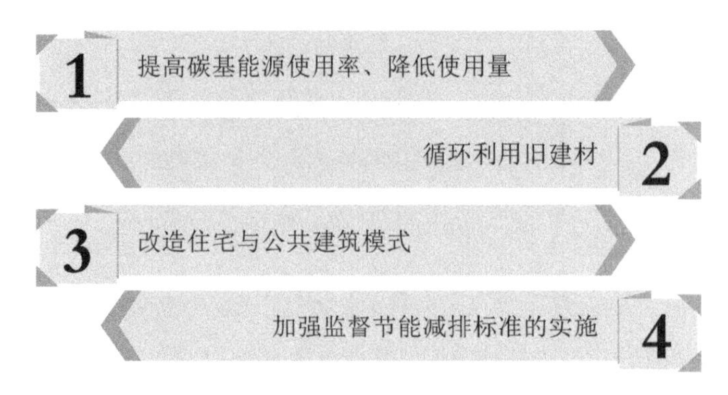

图 15-2　提高绿色建筑节能减排效率的措施

（1）提高碳基能源使用率、降低使用量。许多温室气体会在建筑的生产过程中产生，因为每一道工序都会有能源的消耗，而要想减少二氧化碳排放量，房地产建筑业就必须减少使用碳基类能源。为此可以采取图 15-3 所示的措施。

对产业结构进行优化调整，使用低碳建材，坚决不再使用落后产能，充分利用建材业窑炉来处理工业固体废弃物和城市垃圾，全面推动房地产业的优化升级

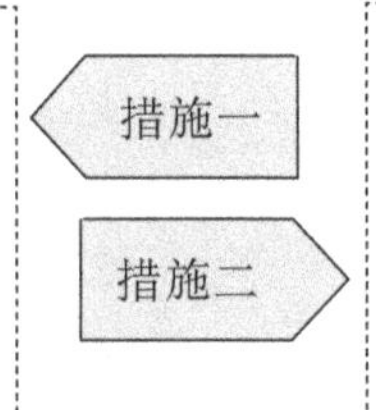

开发可循环利用的新能源，如风能、太阳能、潮汐能、地热能以及这些能源的衍生物等，因为这些能源大部分是由太阳、地球内部的热能转化而来，他们具有污染少及储量相对而言较大的特点，这可以缓解石化能源的缺乏

图 15-3　提高碳基能源使用率、降低使用量的措施

比如，上海世博中心就运用环保技术，使用了大量具有减量化、可循环利用的材料，同时对南北两侧的立面玻璃幕墙进行了遮阳设计等。世博中心每年节约的能量可以供当地一万多户居民一年的用电。

（2）循环利用旧建材。由于城市化进程的加剧，建筑拆迁日渐增多，因此有大量旧建材被废弃。旧建材不能简单地予以填埋，而应该被回收利用。我们可以将旧建材进行筛选分类，对无法回收再利用的进行粉碎，做成建设道路的材料，而对于可以再回收的，则可用来加工成砖或混凝土。

旧建材的循环利用不但可以减少上游投入的资源，还可以减少下游的建筑垃圾，充分地实现资源的减量化和废物的资源化，从而实现节能减排的目标。

小提示

当然，对于一些已经发生化学或物理损耗的旧建材，则不能对其回收利用了。因为这些建材的性能已经达不到当前的使用标准，继续使用它们只会给新的建筑带来安全隐患。

（3）改造住宅与公共建筑模式。目前，我国为了提高资源的生产效率、降低资源的消耗量，应该大力推行产业化住宅与节能化公共建筑的模式。

产业化住宅的建造是一种住宅建造方式的变革。它以工厂化批量生产代替传统的人工现场作业，在建筑现场外完成混凝，在工厂进行制造、组合，然后到建筑工地现场再进行组装，也就是“装配式建筑”。这一变革不但能提高设备及机械的利用率，还能够节省原材料，并保证产品的性能及质量的稳定性。

在公共建筑的节能方面，针对建筑能耗流失最大的窗口，可以采取加装节能门窗、使用节能遮阳帘等措施。目前，在许多新建建筑及既有建筑的节能改造设计中，都要求加装外遮阳卷帘，这既有助实现装饰、遮阳、保护隐私、防止偷盗，也有助于建筑节能。而对用于办公、运输、通信、旅游等的公共建筑，其耗能通常是住宅的十几倍，因此公共建筑能耗的降低是房地产业非常迫切的任务。

（4）加强监督节能减排标准的实施。在节能减排的实施过程中，任何一个环节被忽略都有碍于节能减排目标的实现，所以在建筑的全生命周期内，主管部门必须加强监管节能减排标准的实施，尤其要高度重视重点环节以及薄弱领域。因此，房地产行业主管部门应充分发挥有关部门的综合协调及信息反馈功能，肩负他们在监管节能减排标准实施过程中应尽的职责，加强监督房地产建设中各方活动主体是否有效地理解节能减排标准、是否全面地实施标准、是否准确地执行标准，同时，应该严格审查建筑施工的每一环节，对不执行以及违反节能减排标准的行为进行严肃处理，只有这样才能将节能环保技术贯穿于工程建设的全过程中，才能实现碳达峰、碳中和的目标。

四、实施建筑节能减碳

建筑的碳排放是温室气体的主要碳排放源之一，我国要实现碳达峰、碳中和目标，建筑领域的节能减碳是不可忽视的重要一环。

同西方发达国家相比，我国建筑运行的碳排放量占比偏低，但建筑材料及建造的碳排放量占比偏高。为此，我国要通过如图15-4所示的不同的场景组合，在2030年前实现建筑领域的碳达峰。

1.新建建筑效能提升

在新建建筑上，我国要分地区、分类型地提升强制性新建建筑节能性能，以《建筑节能与可再生能源通用技术规范》为标准，逐步提升到近零能耗建筑。房地产建筑行业要制定明确的近零能耗建筑、零能耗建筑、零碳建筑实现时间表，积极鼓励和引导有条件的地区推广零碳建筑。

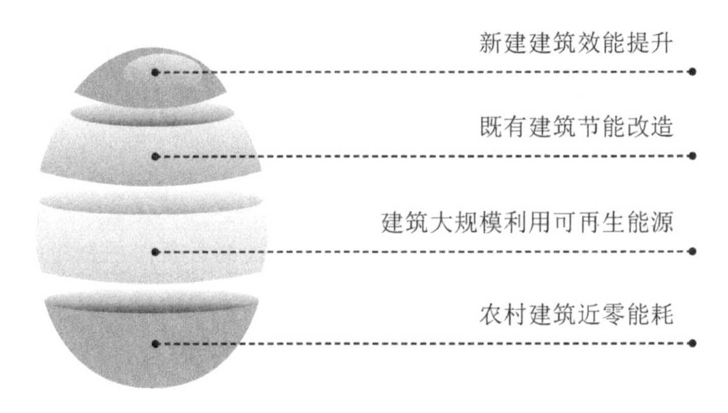

图 15-4 建筑节能减碳的措施

零碳建筑是指在不消耗石油、电力、煤炭等能源的情况下，全年的能耗全部由建筑场地产生的可再生能源来提供。其主要特点是除了强调建筑的围护结构被动式节能设计外，还应将建筑能源需求转向风能、太阳能、生物质能、浅层地热能等可再生能源，为人类、建筑与环境和谐共生寻找到最优解决方案。

比如，中新天津生态城公屋展示中心集众多先进环保技术于一身，如基于烟囱效应的通风系统实现室内外空气循环、地源热泵为建筑内供热制冷、屋顶太阳能光伏板提供足够使用的电能、利用导光筒折射和反射太阳光为室内照明等。整栋建筑的面积为 $3467m^2$，通过应用先进的建筑技术、多种可再生能源实现了零碳排放，成为天津市第一座零碳建筑。

2. 既有建筑节能改造

既有建筑节能改造是指对不符合建筑节能标准要求的既有建筑，依据该建筑所处气候区域，对应执行夏热冬冷地区、夏热冬暖地区和北方采暖地区的建筑节能设计标准，对建筑物的围护结构（含墙体、门窗、屋顶等）、空调制冷（热）系统或供热采暖进行改造，使其供能系统和热工性能的效率符合相应的建筑节能设计标准的要求。

由住建部、民政部、公安部、国家发改委、生态环境部、市场监督管理总局于2020年7月22日联合发布的《绿色社区创建行动方案》中明确提出：“结合城市更新和存量住房改造提升，以城镇老旧小区改造、市政基础设施和公共服务设施维护等工作为抓手，积极改造提升社区供水、排水、供电、弱电、道路、供气、消防、生活垃圾分类等基础设施，在改造中采用节能照明、节水器具等绿色产品、材料。”

3. 建筑大规模利用可再生能源

在二氧化碳排放量达到峰值和实现碳中和的过程中，城镇范围内建筑领域可再生能源的大规模利用发挥了重要的作用。

可再生能源，是指太阳能、风能、水能、生物质能、海洋能、地热能等非化石能源。由于受到空间需求和自然条件的限制，同时基于分布式可再生能源“就地生产、就地利用”的原则，适宜在城镇范围内用于建筑领域的可再生能源，主要包括风能、太阳能、生物质能和地热能。

（1）太阳能。建筑领域利用太阳能的方式主要有图15-5所示的两种，这两种方式都可以运用在不同规模的建筑（群）中，可以并网或独立的形式布置。

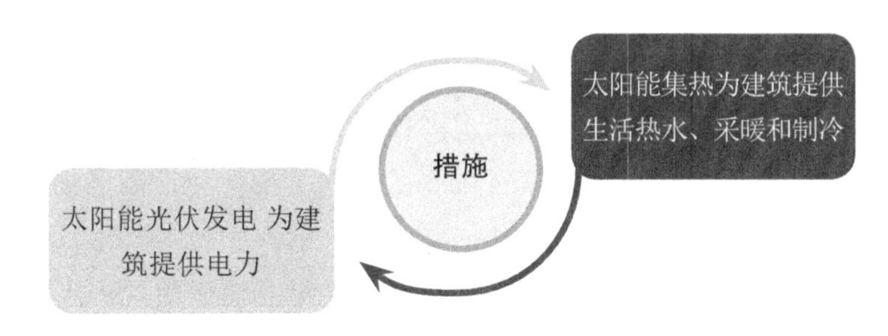

图15-5 建筑领域利用太阳能的方式

（2）风能。风能在建筑领域的分布式利用主要是通过在建筑群内的空地或建筑屋顶上设置小型的风力发电机组为建筑提供电力，通常以独立的形式存在。

（3）地热能。地热能是通过提取储存在地下土壤或岩石中的能量来发电、制冷和供暖。地热能通常分为表15-1所示的3种。

表15-1 地热能的种类

序号	种类	具体说明
1	浅层地热能	这是指从地表至地下200米深度的范围内，储存于岩石、土体、水体中的温度低于25℃，采用热泵技术可提取用于建筑物制冷或供热等的地热资源
2	水热型地热能	这是指储存于天然地下水及其蒸汽中的地热资源
3	干热岩型地热能	这是指不含或只含少量流体，温度高于180℃，储存在固体岩石中的地热资源

适合直接提取用于建筑供暖和生活热水加热的，主要是中低温地热能（约10～150℃），如中低温水热型地热能、浅层地热能，中低温地热能是区域供暖系统中替代传统化石燃料热源的理想能源。

（4）生物质能。生物质能是指通过大气、水、土地等的光合作用而形成的各种有机体。生物质能是太阳能以化学能的形式储存于生物质中的能量形式，它是第四大能源，仅次于石油、煤炭、天然气，在整个能源系统中占有相当重要的地位。

城镇区域可用于能源生产的生物质能一般有表15-2所示的两类。

表 15-2　生物质能的种类

序号	种类	具体说明
1	残留物、副产品和废物	这些主要是在城市生产和生活的过程中产生的，包括贸易和工业产生的有机废物、液态粪便、排泄物、垃圾
2	能源作物	这是指以生产能源为目的而种植的作物（如玉米、油菜和谷物等）、木材和草等速生植物，能源作物被加工成木柴、木屑和颗粒、沼气，这些生物质燃料在火力发电厂中可被转化为电能和热能

城镇作为建筑和相关基础设施建设的管理主体，可在不同层面提升可再生能源的利用。可再生能源的类型很多，其利用形式也多样，各有不同的发展潜力。在建筑领域大规模地利用可再生能源，需要根据城镇区域所在的气候条件和地理条件，进行因地制宜的分析和一体化的规划设计。

在可再生能源供暖与制冷方面，我国对于太阳能集热器供暖的应用已积累了不少经验。其他系统，如生物质能供暖系统、地热能供暖和制冷、太阳能热结合吸收式冷却系统，可以进一步降低建筑用能的二氧化碳排放量。

推广建筑领域可再生能源的大规模利用需要相应的基础和政策保障。在我国能源转型战略以及《可再生能源法》的框架内，城镇一级政府可以运用相应的规划工具制定综合性或单项可再生能源利用规划。

在技术层面上，除了可再生能源产能技术外，大规模推广还需要系统性的技术应用，其中包括数字化电网系统、分布式能源系统及适宜的储能技术。

为实现建筑领域可再生能源利用的大规模推广，我们不仅需要针对单项可再生能源提出创新的发展理念，如光伏建筑一体化，还应挖掘建筑组群或园区中多种可再生能源利用方式相互协作的潜力，如实施园区一体化方案，实现集群效应。除此之外，对于一些特定的可再生能源（如风能、地热能、生物质能）的利用，城镇也可积极与周边区域进行合作，推动优势互补。

4. 农村建筑近零能耗

住房和城乡建设部于2019年1月24日发布的《近零能耗建筑技术标准》（GB/T 51350—2019），自2019年9月1日起正式实施。该标准对近零能耗建筑定义为：适应气候特征和场地条件，通过被动式建筑设计最大幅度降低建筑供暖、空调、照明需求，通过主动技术措施最大幅度提高能源设备与系统效率，充分利用可再生能源，以最小的能源消耗提供舒适的室内环境，且其室内环境参数和能效指标符合本标准规定的建筑，其建筑能耗水平应较国家标准《公共建筑节能设计标准》（GB 50189—2015）和行业标准《严寒和寒冷地区居住建筑节能设计标准》（JGJ 26—2010）、《夏热冬冷地区居住建筑节能设计标准》（JGJ 134—2016）、《夏热冬暖地区居住建筑节能设计标准》（JGJ 75—2012）

降低60%～75%以上。

2019年，在北京市大兴区魏善庄镇半壁店村的村口，一座农宅被改造成了近零能耗建筑——零舍，这是《近零能耗建筑技术标准》正式实施后国内第一座建成并获得评价标识的近零能耗建筑。

五、房地产行业碳中和实践案例

在实现“碳中和”目标的道路上，房地产建筑领域的企业已行动多时。其中，值得关注的是，多家房地产企业严格遵循“做好碳达峰、碳中和工作”的目标，积极推进绿色建筑业务，落实环保节能、绿色发展的理念。

【案例一】▸▸▸

远洋集团将“碳中和”理念融入企业健康发展

1.提出碳中和目标

远洋集团结合自身发展情况，积极践行企业公民责任，成为首批响应国家“30碳达峰/60碳中和目标”的房企之一。远洋集团在其2020年度可持续发展报告中明确表态：要到2050年成为一家“净零排放”的地产企业，并与社会各界一道，共同应对气候变化。其目标比全国“碳中和”目标的实现提前了10年。

为了推动这一目标的落实，远洋集团已将应对气候变化纳入企业管理规划，通过低能耗的绿色建筑，以及运用环境友好的运营方式，减少温室气体排放量，为保护环境贡献力量。同时，远洋集团还设置了碳达峰和碳中和的中期目标：至2025年，碳排放强度降低35%，耗水强度降低10%，运往堆填区的无害废弃物强度至少降低7%，积极带动业主、租户、供应商、员工等相关方，提高垃圾的分类率和综合利用率。据了解，2020年度，远洋集团总能源消耗强度较2019年度降低了约16.4%。

持续推动低能耗绿色建筑的发展，是践行低碳理念的关键。远洋集团响应国家的号召并制订了减排计划。在低能耗的绿色建筑方面，远洋集团探索已久，并在设计、建造、运营、办公等方面，已形成显著的市场竞争优势。

截至2020年底，远洋集团绿色建筑项目数量占比约61.5%，已注册了106个绿色建筑项目，注册总面积超过1500万平方米，持续位居行业前列。远洋集团计划到2025年，自持项目要100%达到绿色建筑标准。

远洋集团深知，践行“碳中和”理念，并非一家企业所能完成，因此一直在主动倡导合作伙伴、行业伙伴、供应商、承包商，携手为应对气候变化贡献力量。

2021年4月22日，远洋集团旗下平台——远洋之帆公益基金会与中国房地产业协会、国家住宅与居住环境工程技术研究中心在杭州共同发起成立了"建筑健康2030"联盟。该联盟以"建筑·健康"理念为核心，以"可持续城市建设"为主题，倡导合作伙伴、行业伙伴、供应商、承包商共同参与健康建筑、绿色建筑的责任履行。远洋集团已经联合约200家上下游产业链企业，为实现可持续发展助力。

2. 提升可持续发展水平

无论是实现"碳达峰"还是"碳中和"目标，最终都将有助于经济社会的可持续发展。远洋集团应对气候变化的目标举措，同样是为了企业的可持续发展服务，这也是远洋集团可持续发展规划中的重要一环。

随着可持续发展理念的不断深化，社会风险、环境风险日益突出，资本市场已将视野从传统的财务状况延伸至社会、环境、公司治理方面。2020年，远洋集团首次提出了可持续发展战略，并制定了《远洋集团可持续发展政策》，从社会、环境、产品建筑、企业管理、社区、个人等，多维度地推动公司的可持续发展。

如在产品建筑方面，远洋集团通过投身健康建筑体系的研发与实践，积极地打造健康产品，探索及引领创新健康建筑技术；在个人发展方面，远洋集团充分地尊重和保护投资者、供应商、客户、员工等合作伙伴的个人权益；在社区与社会方面，远洋集团支持周边城市、社区实现美好生活，助力乡村振兴，为城市、社区相应的可持续发展目标助力。

【案例二】▸▸▸

北京首个近零能耗建筑投入使用

2019年11月28日，由中国建筑科学研究院、中国建筑学会零能耗建筑学术委员会、中国建筑节能协会被动式超低能耗建筑分会CPBA联合主办的第六届全国近零能耗建筑大会落幕，在该大会上共有12个项目获得"近零能耗建筑"的标识牌，位于北京市大兴区魏善庄镇半壁店村的"零舍"是唯一一座已经建成并投入使用的建筑。

一、从技术上实现近零能耗

1. 被动式超低能耗技术

天友·零舍项目是单层乡居改造项目，原建筑体型系数较大，不利于节能减排，设计师通过性能优化，一方面在原建筑的基础上增设了被动式阳光房、楼梯间等过渡联系空间，从而降低了建筑的体型系数，另一方面采取了被动房标准的围护结构保温性能来保证建筑的节能效果。

针对乡居建筑的特点，设计师采取了一系列的技术措施来实现节能。如针对乡村一层建筑，更注重地面和屋面的保温；针对无热桥，将附加的建筑空间结构体系独立，与主体建筑脱离；针对改造建筑气密性处理的难题，将建筑分为三个气密区；针对乡村红砖建筑风貌，在外保温的基础上又砌筑了红砖，形成夹心保温，这兼顾了建筑风貌和建筑气密性能。

附加在建筑南侧的被动式太阳房，形成气候缓冲空间

2. 采用多种近零能耗结构体系

设计师在设计天友·零舍时不仅希望实现近零能耗，还希望在该项目中探索不同结构体系实现近零能耗的技术路径和构造节点。因此设计师分别采用了砖木结构（保留单元）、轻木结构及模块结构（新建单元）三种结构体系。

装配式模块单元主要采用SMART-6轻钢装配单元结构体系，内填外贴了两种保温材料，以保证系统的传热系数和气密性，在制造工厂里完成结构及内装修，然后整体运输到现场完成安装及外装饰。

3. 可再生能源补充

零舍还实现了光伏建筑一体化的有机结合。屋面结合传统民居双坡形式选择了非晶硅太阳能光伏瓦，而被动式阳光房的玻璃屋顶则采用了彩色薄膜光伏，总装机为7.1kWp，以并网的方式为该建筑提供电能。居住区则设置太阳能热水系统为厨房和卫生间提供热水。超低能耗的建筑应尽可能地减少耗能，并借助可再生能源的产能，从而实现近零能耗。

二、从空间上实现乡村风貌

零舍的功能涵盖了居住、办公、会议、图书室以及展示，可以成为乡村创客、低碳节能展示的使用空间。在空间模式上，既保留了原始两进院落的布局，又加了楼梯间风塔、太阳房等作为联系空间和气候缓冲空间。

木结构的门厅连接居住和办公部分

天友·零舍项目基于景观延续生态和低碳的主题，设置了几个主题庭院——中心的水院、南侧的太阳能花园、北侧的零碳花园以及树林菜园。中心的水院是雨水收集的景观水池；零碳花园则是利用原有建筑拆下来的旧砖旧瓦等废弃材料设计而成，中间种了一棵穿过二层平台的树，以碳汇实现这一建筑的零碳；北侧沿建筑设计了错落有致的模块式菜园，成为村口大树下的美丽景观。

天友·零舍项目的绿色技术旨在以艺术化的方式呈现出来，因此废弃材料、垂直绿化、彩色光影、原始墙绘都成为建筑表现力的手段。

16

第十六章 农业农村碳中和实践

“碳达峰”“碳中和”成了人们耳边的高频词，农业农村领域，同样也面临这一项任务。乡村振兴战略中，生态宜居是内在要求，与碳中和目标相同，都是实现农村现代化的关键。

一、农业碳排放的现状

当前，我国碳排放主要集中在能源、工业、交通领域。城市，似乎与“碳中和”关系更亲密，也确实是主战场，然而，农村的碳排放量降低也不容忽视。相关数据表明，农业生产带来的碳排放量约占全国碳排放总量的7%～8%，加上生产生活用煤产生的碳排放量，农业农村温室气体排放量占比约达全国排放总量的15%。

二、农业碳中和实现的途径

农业农村实现碳达峰、碳中和的途径主要如图16-1所示。

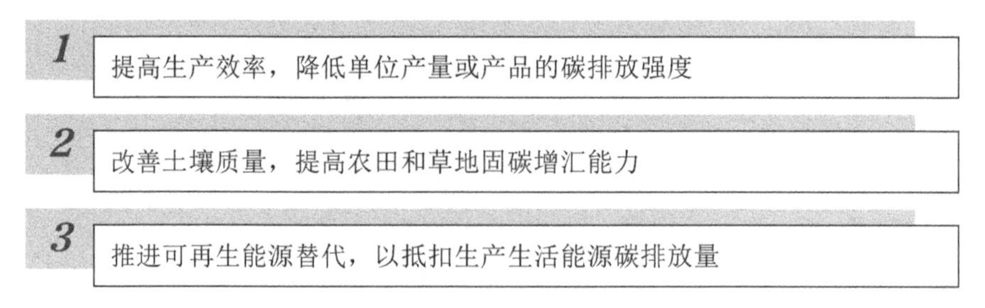

图16-1　农业碳中和实现途径

1.提高生产效率，降低单位产量或产品的碳排放强度

降低农业温室气体排放强度的措施有许多，如采用水稻间歇灌溉控制甲烷、提高肥效，降低氮氧化物的排放；改善动物健康和饲料消化率控制肠道甲烷；提高畜禽废弃物

利用率以减少甲烷和氧化亚氮排放等措施。

2. 改善土壤质量，提高农田和草地固碳增汇能力

这一方面的措施包括保护性耕作、有机肥施用、人工种草、秸秆还田、草畜平衡等，通过提升农田草地有机质可增加温室气体吸收和固定二氧化碳的能力，将农田从碳源转变为碳汇。据专家估算，按照目前国际计量要求，不包括植物吸收二氧化碳的情况下，我国农田、草地的土壤固碳量分别为1.2亿吨、0.49亿吨二氧化碳。

3. 推进可再生能源替代，以抵扣生产生活能源碳排放量

秸秆、畜禽粪便等生物质可生产生物液体燃料、燃烧发电、生物天然气等可再生能源，这些可以抵扣农业农村生产生活使用的化石能源的碳排放量，有助于实现碳达峰、碳中和的目标。

三、农业实现碳中和的难点

我国人口基数非常大，肉蛋奶和生产生活的用能需求将不断增长，在保障粮食安全及社会经济持续发展的前提下，农业农村实现碳达峰、碳中和目标的压力比较大，具体难点如图16-2所示。

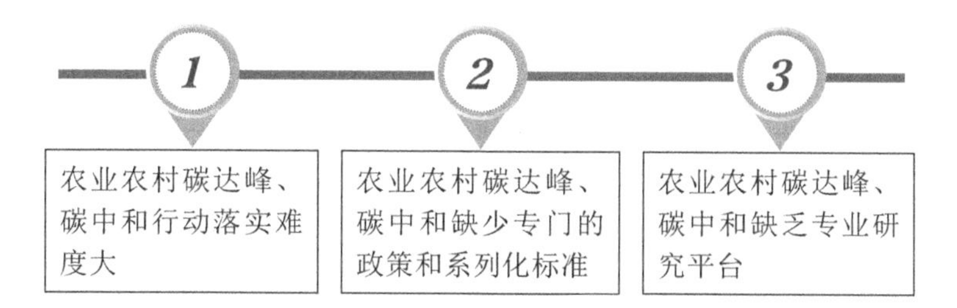

图16-2 农业实现碳中和的难点

1. 农业农村碳达峰、碳中和行动落实难度大

虽然我国在农业农村减排固碳领域开展了多年的研究，对农业温室气体排放和减排固碳技术进行了一些试验，研发出了一些减排固碳技术，但减排固碳的成本和效果对农业生产的作用还有待于验证；部分减排固碳技术操作烦琐，使劳动力投入或生产成本都有所增加，需要依赖国家的财政补贴，因而其应用推广受到严重制约。如图16-3所示。

2. 农业农村碳达峰、碳中和缺少专门的政策和系列化标准

尽管相关部门出台了以农业绿色发展为导向的一些政策和法规，这些对协同减排固

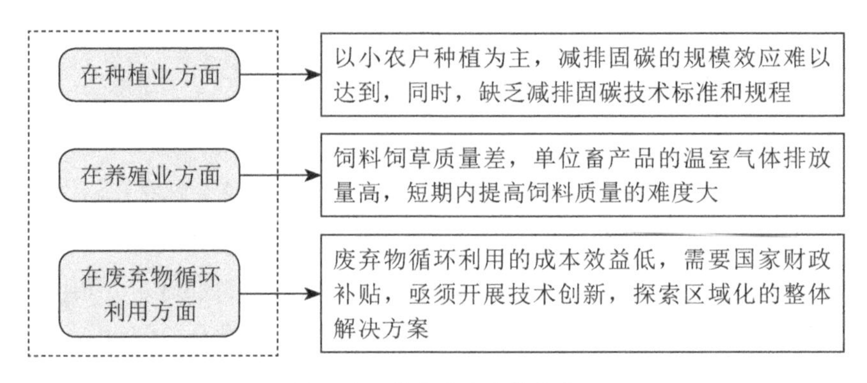

图16-3　落实难度大的表现

碳也有一定的作用，但针对农业农村的碳达峰、碳中和政策尚属空白，相应的技术标准也处于空缺状态，这导致减排固碳的关键技术措施的推广和有效实施面临着巨大的困难。

3.农业农村碳达峰、碳中和缺乏专业研究平台

由于过去对农业农村减排固碳没有明确的要求和约束性指标，农业农村领域也就没有清晰的碳达峰、碳中和路线图，也没有专职从事农业农村应对气候变化的专门机构。农业农村减排固碳的研究分散在不同的单位，各方力量无法整合在一起来开展系统的农业农村碳达峰碳中和理论、方法、技术和政策研究，因此迫切需要建立农业农村碳达峰、碳中和专业研究的平台。

四、发展绿色农业

农业是国民经济的基础，直接关系到绿色投入品、绿色生产、绿色消费、绿色生态环境建设、绿色生活，它在实现碳达峰、碳中和目标中的地位和重要性也是举足轻重。农业绿色发展将成为低碳循环发展经济体系建设中最突出的，且与大众最紧密连接的一环。为加快农业绿色发展，促进绿色低碳技术研发，我国需着重从图16-4所示的5个方面实现突破。

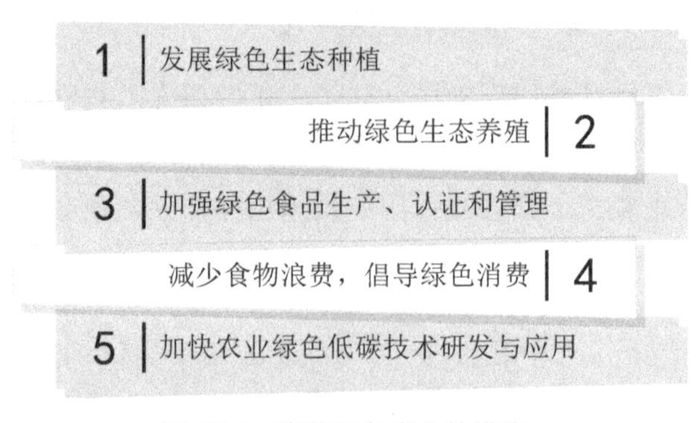

图16-4　发展绿色农业的措施

1.发展绿色生态种植

农业农村若要创新绿色增产增效技术体系，实现生态种植，首先需要确保绿色产地环境。这主要表现在两个方面：第一，绿色种植体系设计以及管理均应基于当地土、热、水、气等自然条件；第二，绿色产地环境对土壤、大气和水等提出了更高的要求，产地环境应避免污染、土壤元素含量适宜、生产用水质量达标。

其次，要制造绿色投入品。以“气候—土壤—作物系统”为核心，制造土壤、气候、作物生产和肥料设计相融合的绿色投入品，可在满足作物需求的前提下，充分挖掘作物的生物学潜力，使养分利用效率最大化，从而有效降低养分损失。

再次，要构建绿色增产增效技术体系。具体措施如图16-5所示。

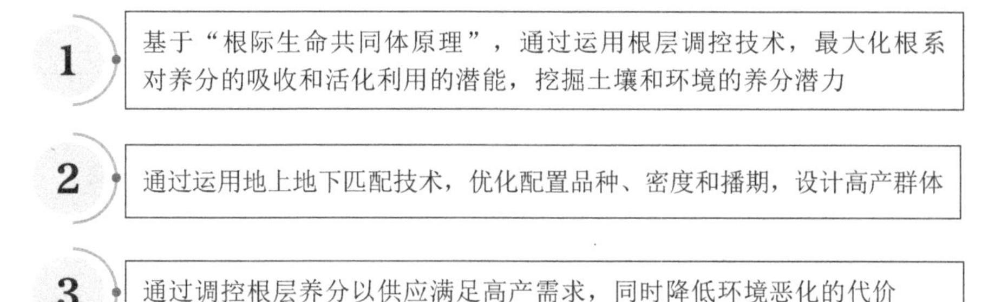

图16-5　构建绿色增产增效技术体系的措施

2.推动绿色生态养殖

2020年，我国工业饲料总产量为2.5亿吨，约占全球总产量的25%。然而，蛋白原料供给严重不足、动物生产效率不高等问题依然存在。畜禽粪污的资源化利用率不足75%，氮、磷等养分还田量仅占排泄总量的40%～50%，成为农业面源污染的主要源头。

因而，提高畜禽粪污的资源利用效率，加强种养结合，实现绿色可持续生产，已成为我国农业发展的当务之急。实施策略如表16-1所示。

表16-1　推动绿色生态养殖的实施策略

序号	实施策略	具体说明
1	坚持发展生态循环农业，促进种养结合	（1）要遵循因地制宜、种养平衡、农牧结合、循环利用的原则，以加快畜牧产业的转型升级、推动养殖环境的有效治理为目标，以发展畜牧的循环经济为核心，充分利用农业的可再生资源，形成资源循环的有效链条

续表

序号	实施策略	具体说明
1	坚持发展生态循环农业，促进种养结合	（2）推进小区域生态农场的建设，推广高养殖密度地区发展区域种养结合模式，提高畜禽粪污的资源化利用水平，因地制宜地发展生态循环农业
2	加强畜禽养殖源头控制与生产过程粪污综合管理	（1）以资源节约与安全型畜禽饲料为切入点，通过对饲料精准配比和质量控制，开发替抗饲料添加剂，降低碳排放和有害物质摄入，从而有效实现源头污染的控制 （2）通过“饲舍—储存—处理—施用”全链条技术体系创新，实现氮素减排60%、磷素减排90% （3）建立畜禽粪污能源化利用的长效机制，研发并运用畜禽粪污低碳绿色处理技术 （4）全面推进有机肥替代化肥的行动，提高粪肥养分循环率至70%，进一步减少化肥用量1/3
3	加强区域科学布局与生态养殖规划	（1）根据区域资源禀赋和环境容量，系统优化主产区的养殖业空间布局 （2）根据区域的土壤特性和作物养分的需求，以种定养，实现作物绿色优质生产和畜禽养殖密度、粪污循环利用的高效匹配 （3）根据区域养殖业的发展需求，合理地规划“粮经饲种植结构”，促进绿色、生态、健康养殖

3.加强绿色食品生产、认证和管理

近年来，我国的绿色食品事业蓬勃发展，促进了农业的提质增效，带动了农民增收致富。为进一步推动绿色食品产业的可持续发展，我们可采取表16-2所示的措施。

表16-2　加强绿色食品生产、认证和管理的措施

序号	实施策略	具体说明
1	加强绿色食品产业结构调整	推动绿色食品产业的规模化经营，组建规模较大的绿色食品企业集团和生产基地，使之发挥龙头企业的带动作用，促进绿色食品的精深加工开发，增加养生保健、食药同源加工食品的市场供应，使绿色食品的附加值不断提高
2	提高绿色食品认知度	加强绿色食品生产知识的宣传，拓宽绿色食品销售渠道，严格把关绿色食品认证标准和制度，强化认证后的监管与责任追溯，提高人们对绿色食品的信任度和政府公信度
3	加强绿色食品供应链技术创新	加大绿色食品产业的科技投入，扩大绿色食品生产基地建设，促进绿色食品辅助性产业的建设，加大绿色食品供应链各环节的技术投入，创造有利于绿色食品产业发展的各项生产要素条件
4	完善绿色食品标准与制度	修订、完善绿色食品生产标准，加强绿色低碳生产标准的建立与实施，增强绿色食品标准体系的前瞻性、规范性、可操作性，建立完善的绿色食品生产、加工、流通、消费各个环节的标准体系与监管制度

4. 减少食物浪费，倡导绿色消费

食物生产与消费链的绿色转型具有巨大的低碳减排潜力。按当前我国人均收入趋势推测，2050年我国人均饮食相关的温室气体排放量将比2009年增加32%。同时，现有的饮食结构也会使越来越多的人群面临着严重的营养健康问题。因此，平衡膳食是保障我国居民营养健康和国家绿色可持续发展的关键。

健康平衡膳食的目标需从多利益主体角度协同才能得以实现，具体如图16-6所示。

政府层面
要做好可持续膳食的顶层设计，并改善人们对健康食物的可接受性、可获取性、可支付性
企业层面
要鼓励食品企业积极参与，如推广“碳标签”等引导人们低碳消费
科研层面
加大农业和相关产业的科研资金投入，如用于生物强化、食品强化等技术的开发
消费层面
需要营养和可持续观念的转变，如增强绿色消费意识，减少食物浪费

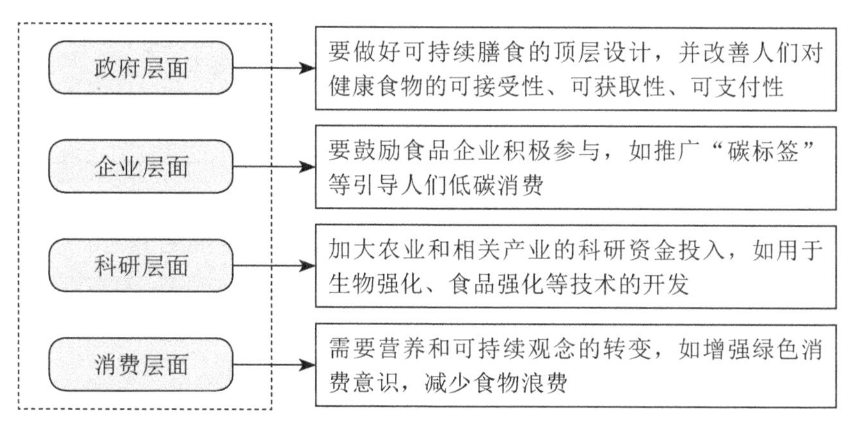

图16-6　平衡膳食的协同实现

5. 加快农业绿色低碳技术研发与应用

农业绿色低碳技术的应用有助于推动农业绿色发展，从而实现生态种植、生态养殖，促进绿色食品产业与健康消费。

农业绿色低碳技术的研发应着重从图16-7所示的方面开展。

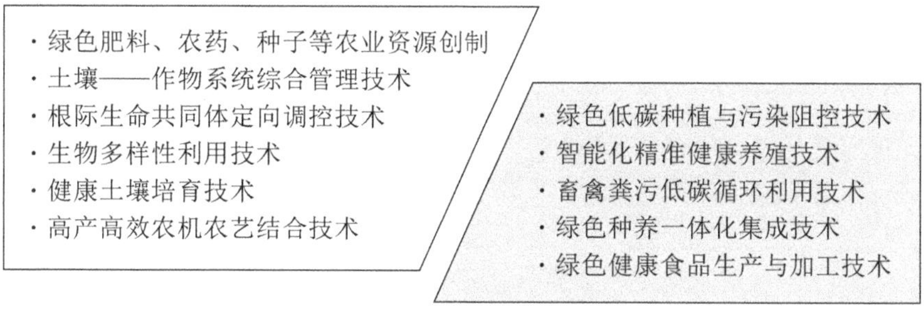

· 绿色肥料、农药、种子等农业资源创制
· 土壤——作物系统综合管理技术
· 根际生命共同体定向调控技术
· 生物多样性利用技术
· 健康土壤培育技术
· 高产高效农机农艺结合技术
· 绿色低碳种植与污染阻控技术
· 智能化精准健康养殖技术
· 畜禽粪污低碳循环利用技术
· 绿色种养一体化集成技术
· 绿色健康食品生产与加工技术

图16-7　农业绿色低碳技术研发方向

五、发展生态农业

生态农业是按照生态学原理和经济学原理，在保护、改善农业生态环境的前提下，运用系统工程方法、现代科学技术和集约化经营的农业发展模式，以及传统农业的有效

经验建立起来的，能获得较高的经济效益、生态效益和社会效益的现代化农业。

生态农业是一个系统的概念，生态技术只是其中一种实现的手段，广义的生态农业不只是一种生产方式，更是一种回归自然的生活方式，一种人与自然和谐共生的方式。

1.生态农业的特征

生态农业具有图16-8所示的特征。

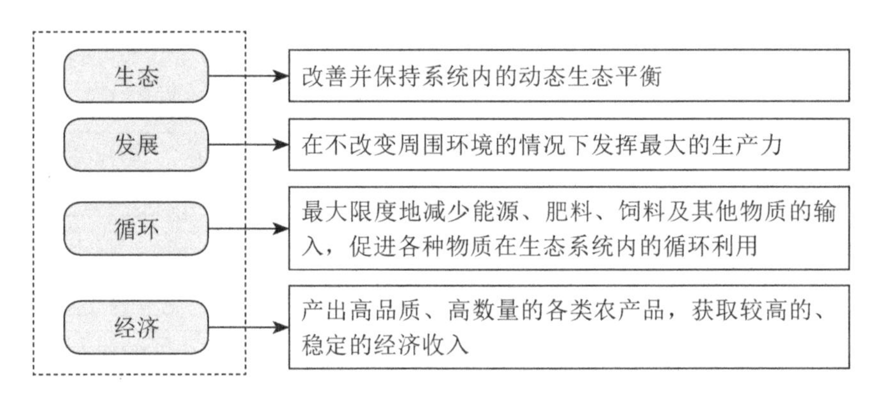

图16-8　生态农业的特征

2.生态农业的模式

生态农业具有多种模式，具体如表16-3所示。

表16-3　生态农业的模式

序号	模式	具体说明
1	北方“四位一体”生态模式	这是在自然调控与人工调控相结合的条件下，利用可再生能源（太阳能、沼气）、日光温室养猪、保护地栽培（大棚蔬菜）、厕所等4个因子，通过合理配置形成以太阳能、沼气为能源，以沼液、沼渣为肥源，实现养殖业（猪、鸡）、种植业（蔬菜）相结合的物流、能流良性循环系统，这是一种资源高效利用、综合效益非常明显的生态农业模式。运用这一模式，冬季北方地区的室内外温差可达30℃以上，温室内的喜温果蔬可以正常生长，畜禽饲养、沼气发酵也都安全可靠
2	南方“猪—沼—果”生态模式及配套技术	这是以沼气为纽带，带动林果业、畜牧业等相关农业产业共同发展的生态农业模式。这一模式是利用庭院、水面、山地、农田等资源，采用“猪舍、厕所、沼气池”三结合工程，围绕主导产业，因地制宜地开展“三沼（沼气、沼液、沼渣）”的综合利用，从而实现农业资源的高效利用和生态环境建设，提高农产品的质量，增加农民的收入
3	草地生态恢复与持续利用模式	这是按照草地生态系统物质循环和能量流动的基本原理，遵循植被分布的自然规律，运用草地管理、保护和利用技术，在农牧交错带退耕还草，在牧区减牧还草，在南方草山草坡区种草养畜，在潜在沙漠化地区以草为主进行综合治理，以恢复草地的植被，提高草地的生产力，遏制沙漠东进，改善生

续表

序号	模式	具体说明
3	草地生态恢复与持续利用模式	产、生态、环境、生活、生存，增加农牧民的收入，使草地畜牧业得到可持续性的发展。包括农牧交错带退耕还草模式、牧区减牧还草模式、沙漠化土地综合防治模式、南方山区种草养畜模式、牧草产业化开发模式
4	农林牧复合生态模式	这是指借助接口技术或资源利用，在时空上的互补性所形成的两个或两个以上产业或组分的复合生产模式。接口技术是指联结不同产业或不同组分之间物质循环与能量转换的连接技术，如养殖业为种植业提供有机肥，种植业为养殖业提供饲料饲草，如利用粪便发酵和有机肥生产技术、利用秸秆转化饲料技术。这是平原农牧业持续发展的关键技术，具体包括“林果—粮经”立体生态模式及配套技术、“林果—畜禽”复合生态模式及配套技术、“粮饲—猪—沼—肥”生态模式及配套技术
5	生态种植模式及配套技术	这是指根据不同作物的生长发育规律，在单位面积土地上，结合传统农业的间、套等种植方式与现代农业科学技术，合理充分地利用光、气、热、水、肥等自然资源、生物资源和人类生产技能，以获得较高的产量和经济效益
6	生态畜牧业生产模式	这是利用生态经济学、系统工程、生态学和清洁生产技术进行畜牧业生产的过程，旨在保护环境、资源永续利用、生产优质的畜产品。具体包括综合生态养殖场生产模式、生态养殖场产业开发模式、规模化养殖场生产模式
7	生态渔业模式及配套技术	这是遵循生态学原理，采用现代工程技术和生物技术，按生态规律进行生产，保证水体不受污染，保持各种水生生物种群的动态平衡和食物链网结构合理，保持和改善生产区域的生态平衡的一种模式。包括池塘混养模式及配套技术
8	丘陵山区小流域综合治理利用型生态农业模式	这是适合丘陵山区的生态农业模式。丘陵山区的共同特点是地貌变化大、自然物产种类丰富、生态系统类型复杂，其生态资源优势使得这类区域特别适于发展农牧、农林或林牧综合性的特色生态农业。包括生态经济沟模式与配套技术、“围山转”生态农业模式与配套技术、生态果园模式及配套技术、西北地区“牧—沼 —粮 —草—果”模式与配套技术
9	设施生态农业及配套技术	这是在设施工程的基础上，通过以有机肥料全部或部分替代化学肥料（无机营养液），以物理防治和生物防治措施为主要手段进行病虫害防治，以植物、动物的共生互补良性循环等技术构成的生态农业模式
10	观光生态农业模式及配套技术	这是指以生态农业为基础，强化农业的自然、休闲、观光、教育等多功能特征，形成具有第三产业特征的一种农业生产经营形式。主要模式包括精品型生态农业公园、高科技生态农业园、生态农庄、生态观光村

六、以“低碳”理念推进精准扶贫

截至目前，我国仍然有4000万贫困人口,分布在14个片区，涉及2 2个省(市、区)。我国这几年在对这些地区实施精准扶贫，以提高贫困人口的经济收入、生活水平。但是在全球都倡导低碳发展的背景下，精准扶贫不应该走传统高碳发展的老路，应从更高的视角上看，运用低碳发展来带领贫困地区脱贫致富。

1. 以“低碳”理念重构农村产业体系

从实践经验看，贫困地区实现脱贫的主要支撑是发展区域产业，只有产业获得了发展，才能增加贫困人口的收入。目前，精准扶贫的形式多样，但最有效的还是产业扶贫。除此之外，贫困地区在探求自身产业的发展时，还要密切关注国家的“去产能”政策的宏观背景。

（1）要以“低碳”的理念改变传统农业生产方式。依靠粗放式经营的传统农业生产方式因效益低下不能带动农民脱贫，而且在农业机械的使用中、农业废弃物的处理中及在农业投入品（化肥、农药、农用薄膜等）的广泛使用中包含诸多碳源，属于高碳排放。因此，产业扶贫可参考图16-9所示的具体措施。

1. 将重点放在能提高农产品产出效益、拓展生物增长空间的立体种养上
2. 开发太阳能、风能、生物质能源、微水电等可再生能源，以替代农业生产生活中化石燃料的使用
3. 通过减量与替代使用化肥、农药及农用薄膜等，以减少碳排放源，实现废弃物的综合利用，增加碳汇能力，切实提高贫困地区的农业产业化水平

图16-9　产业扶贫的措施

（2）以“低碳”的理念来发展贫困地区的产业园区。以“低碳”的理念来发展贫困地区产业园区的具体措施如图16-10所示。

充分利用农业废弃物，以资源化、减量化、再利用原则发展农业循环经济，通过共生和代谢关系使产业发展对环境的影响降到最低

延伸农业产业的链条，形成以农业产业为主导，含农产品的精深加工与销售，一二三次产业充分融合且带有旅游休闲元素的综合产业园区，积极发展生态产业，探索集乡村生态旅游、循环农业、低碳产业开发等于一体的减贫开发模式

图16-10　以“低碳”的理念来发展贫困地区的产业园区

小提示

产业扶贫要瞄准产业，想“走捷径”把高能耗、高污染的项目和产业引进来，虽然能够在短期内获得快速发展并取得经济收益，但长期来看却可能导致生态环境恶化，结果得不偿失。

2. 以“低碳”理念改变农村能源结构

目前采取比较多的“低碳”扶贫方式是光伏扶贫，其另一效果是可以彻底地改变农村的能源结构。光伏发电技术可靠、清洁环保、收益稳定。在光照资源条件较好的地区因地制宜地开展光伏扶贫，具有图16-11所示的好处。

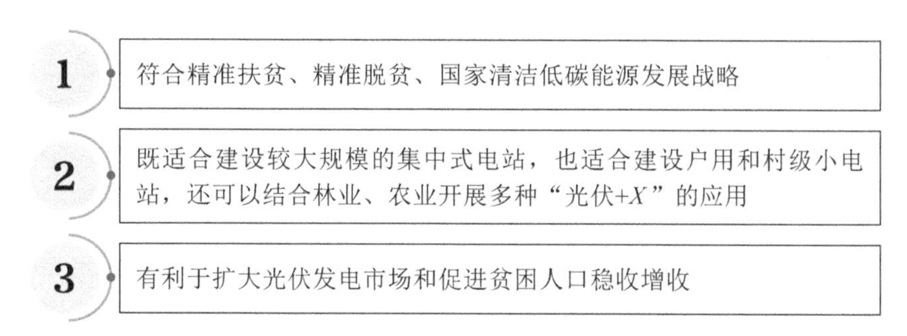

图16-11　开展光伏扶贫的好处

目前，精准扶贫中光伏扶贫已经使许多贫困村和贫困户获得收益，在实践中也探索了诸如光伏地面电站、光伏农业大棚、村级光伏电站、户用光伏发电等多种层次和多种形式的扶贫模式。如表16-4所示。

表16-4　形式多样的光伏扶贫模式

序号	模式	具体说明
1	户用光伏发电	贫困农户可以因地制宜地依屋顶、院落而建，装机容量多为3kW、4kW、5kW，产权和收益均归农户所有，农户的日常用电需求得到了满足，并有额外发电盈余，多余的电可以卖给电网，获取卖电收益
2	村级光伏电站	贫困村可以利用村集体土地建设安装规模在25～300kW不等的容量机组，光伏电站的产权归村集体所有，收益由村集体、贫困户按照所定比例进行分配
3	光伏农业大棚	光伏农业大棚是集太阳能光伏发电、智能温控系统、现代高科技种植为一体的温室大棚，在大棚顶部安装光伏电站，规模比较大，很多地方由大企业引领农户，产权归投资的企业和大棚业主共同拥有，收益也由双方按规定比例进行分配，通过大企业、大资本带动贫困农户脱贫
4	光伏地面电站	主要是利用贫困地区的荒山、滩涂、沼泽、沙漠等未利用地建设光伏地面电站，电站的规模通常超过10MW，由企业参与，企业与地方政府签署协议，把一部分发电收益分给地方政府，这笔资金主要用于地方扶贫，由地方政府统一分配给已建档的贫困户

光伏扶贫是一项非常利民的政策，光伏发电在有条件的农村都可以实施。光伏扶贫，不仅可使贫困农户脱贫，也可改变农村的能源结构。

3. 以“低碳”理念促进生态建设与扶贫开发相融合

一方面，可以通过管护森林和生态吸收一部分贫困人口进行“生态就业”；另一方面，可以探索在扶贫开发中通过造林而增加森林碳汇。

比如，岚县作为吕梁山生态脆弱区治理的重点县，目前尚有41万亩宜林荒山需要治理。岚县政府推行生态建设与精准扶贫相结合的造林试点政策，在实施造林绿化和森林抚育项目中，将造林任务和资金向贫困乡村、贫困户倾斜，鼓励有劳动能力的贫困户组成造林专业合作社直接参与造林工程。同时由贫困户参与实施新造林地的抚育管护，贫困人口就地转化成造林产业工人和生态保护人员，以购买社会化服务的办法来实现就业脱贫，稳定增收。

“购买式造林”的发展方向是市场化造林。这需要设立林价体系，制定林权交易市场和制度，通过市场主体的获利机制来推动生态建设与脱贫攻坚工作的有机结合。

七、农业碳中和实践案例

国务院于2021年2月23日印发的《关于加快建立绿色低碳循环发展经济体系的指导意见》中提出，我国的发展要建立在高效地利用资源、严格地保护生态环境、有效地控制温室气体排放量的基础上，统筹推进高质量的发展和高水平的保护，确保实现碳达峰、碳中和的目标。其中，加快农业绿色发展是健全绿色低碳循环发展的生产体系的重要一环。

【案例一】▸▸▸

湖北水稻绿色低碳丰产栽培技术取得突破

湖北地处我国单双季稻混作区，水热同季，生产水平较高，在水稻生产中占有重要的地位，但同时存在稻田温室气体排放量高、土壤养分失调、水肥药利用率低、产量不稳等问题。为此，华中农业大学农业生态与耕作研究团队联合长江大学、湖北省农业科学院等单位，以稳定水稻产能、降低稻田温室气体排放量、平衡土壤养分、提高水肥药利用率为目标，在“微生物调控、碳氮协同”“资源减耗高效、甲烷减排、循环利用培肥”的绿色低碳丰产稻作技术理论框架的指导下，创新提出了氮肥减量施用、秸秆资源化、垄作免耕、病虫草害绿色防控减药、控灌增氧等绿色低碳丰产栽培技术，并集成再生稻培肥与耕作、麦茬稻机械化、稻虾周年培肥与耕作、油稻垄作免耕等绿色低碳丰产水稻栽培模式。

“低碳稻作”一直是团队的重点研究方向。近三年，华农联合其他高校、科研院所在荆州、襄阳、黄冈等地累计推广855.2万亩水稻，实现增产5.6亿千克，节本增效6.03亿元。示范区水肥利用效率大幅提高，减少水分用量26.5%，减少氮肥施用量

21.5%，减少农药用量15.2%，每年减少甲烷排放量3.6万吨。在技术模式的推广过程中，培训基层农业科技人员和农民5000余人次，绿色低碳理念和技术得到了广泛的推广。

据悉，水稻绿色低碳丰产栽培技术在节约式水肥管理、绿色防控、机械施肥、水稻机插、秸秆机械还田等方面取得突破，形成水稻全程专业化、标准化、机械化、区域化的优质绿色低碳高效生产技术体系，实现水稻高效、安全、丰产、优质全程绿色生产，使水稻连续大面积低碳丰产成为现实。该技术的推广与应用，为提高湖北水稻的市场竞争力提供了强有力的技术支撑。

【案例二】▸▸▸

张掖市推动生态循环农业发展

近年来，为了实施乡村振兴战略，甘肃省张掖市转变农业发展方式，认真贯彻落实循环农业产业发展专项行动计划，把循环农业产业的发展作为加快农业转型发展的突破口和着力点，推广节约型农业技术，推动“资源—产品—废弃物—再生资源”的循环农业方式，通过推进一批循环农业产业项目，带动了甘肃省的农业产业转型升级，促进农民持续稳定增收，实现社会、生态和经济效益的共赢。

1.稳步推进绿色生态农产品生产加工基地建设

着力打造优质肉牛、绿色蔬菜两个百亿级产业体系，持续推进“四个百万”工程，发展壮大“六大区域特色产业”，突出培育“独一份、特别特、好中优”农产品。2020年张掖市落实新增花卉1.11万亩、小杂粮12万亩、中药材35.87万亩、马铃薯39.69万亩、蔬菜57.59万亩、制种玉米95.63万亩，食用菌产量达到了3.2万吨。张掖市集中打造的11个千亩戈壁农业示范园已经全部开工建设，在甘州区的神农菇业食用菌产业园、民乐县海升一期和二期等戈壁农业项目的示范带动下，张掖市戈壁农业累计完成投资10.87亿元，面积达到8.91万亩。

2.积极推广绿色生产技术

张掖市深入实施化肥农药零增长行动，大力推广农作物病虫害统防统治、绿色防控、有机肥替代化肥、测土配方施肥等技术措施，全市推广有机肥替代化肥10.2万亩，推广水肥一体化技术面积达77万亩，完成测土配方施肥技术推广面积383.5万亩；着力推动农业病虫害绿色防控技术、病虫害综合防控措施，农药利用率达到39%以上。大力实施质量兴农战略，积极抓好两个“三品一标”的建设工作，张掖市的产品平均监测合格率达到99%，有效期内“三品一标”的产品达到180种，标准化生产面积达到288万亩。

3. 加大农业废弃物的循环利用

张掖市以大型规模养殖场为重点，以粪污肥料化为主导模式，大力地推进畜禽粪污和秸秆的资源化利用，全市畜禽养殖废弃物的综合利用率达到75%以上，秸秆的饲料化利用率达到64%以上。张掖市也不断加大农业面源污染的防治力度，着力实施《祁连山（黑河流域）山水林田湖生态保护修复工程农田废旧地膜清除回收奖补项目》，以鼓励捡拾废旧膜、回收加工再利用、禁止使用超薄膜、支持推广降解膜为重点，加快推进废旧回收和资源化利用的步伐，全市废旧农膜的回收利用率达到80%以上；紧盯主营门店、农贸市场、蔬菜生产基地等重大环节，以尾菜饲料化、肥料化为主导模式，因地制宜地做好尾菜的处理利用工作，全市尾菜的综合处理利用率达到了70%以上。

4. 深入推进农村一二三产融合发展

张掖市大力建设“双十双百”的乡村旅游示范工程，加快形成全域延伸、多点支撑的乡村旅游格局。目前，张掖市共获得“历史古村”1个、中国美丽休闲乡村“现代新村”1个、中国美丽田园“油菜花景观”1个、省级休闲农业示范县1个、“草原景观”1个、“特色民居村”2个、省级休闲农业示范点9个，休闲农业获得了蓬勃发展。通过农耕体验、农牧家乐、休闲采摘园等乡村旅游业的发展，进一步盘活农村集体建设用地、闲置房屋等资产资源，打通了“三产”融合的关键环节，使其成为农民增收的新增长点。张掖市共培育休闲农业经营主体438家，休闲农业从业人员达到5017人。

17

第十七章
企业碳中和实践

在全球范围内，减少碳排放是所有企业都要做的一件事，并致力长期实现的目标之一。实现“碳中和”目标，成为企业落实社会责任感的重要一部分。

一、环境权益在企业碳中和的作用

对于一个国家和地区来说，碳中和的判定方式非常明确，即该区域范围内产生的温室气体排放量等于或者低于吸收量，就可以说实现了碳中和。而对于企业来说就不是那么容易判定了，因为大部分企业的物理边界非常小，并不具备广阔的土地资源供其通过造林来实现碳排放的吸收，将排放的温室气体直接打入地下的碳捕集与封存技术也不够成熟。于是，为了实现碳中和目标，许多企业把目光投向了另一种方式，即通过购买环境权益来抵消碳排放量，从而实现碳中和目标。

环境权益是指某些具有减少温室气体排放的项目，通过一系列的认证认可程序，将其温室气体的减排进行量化并形成的一种可独立交易的商品。

比如，一个光伏发电项目生产了1MW · h的电力，且能间接减少约0.8t的温室气体排放量，这0.8t的减排量通过一系列认证认可程序后，就变成了独立的另一种可交易的商品。企业在购买了这0.8t的减排产品后，便可以宣称自己减少了0.8t的碳排放量而不用真正去买那1MW · h的电力。

环境权益一般由一些具有公信力的机构签发，根据签发机构的不同，其环境权益的类型也有所不同。原则上，同一个减排项目只允许申请一种环境权益。表17-1所示的是国内新能源电力可申请的环境权益种类。

表 17-1　国内新能源电力可能申请的环境权益种类

环境权益类型	签发机构	属性	描述
CER	联合国UNFCCC	温室气体减排量	联合国清洁发展机制下的补充机制
CCER	生态环境部	温室气体减排量	中国碳交易市场下的补充机制
VCU	VERRA	温室气体减排量	自愿减排市场

续表

环境权益类型	签发机构	属性	描述
GS-VCU	Gold Standard	温室气体减排量	自愿减排市场
国内绿证	国家可再生能源信息管理中心	清洁电力属性	国内清洁电力的绿证属性，不能交易及注销
IREC	REC Standard	清洁电力属性	自愿绿色电力市场，指允许国资控股企业申请
TIGRs	TIGR Registry	清洁电力属性	自愿绿色电力市场，指允许所有企业申请

截至2021年4月，全球范围内已经有超过800家企业公布了碳中和目标，其中有超过50家企业宣布已经实现碳中和。我国企业的碳中和发展相对起步较晚，但也有不少企业宣布了碳中和目标，如蚂蚁金服、三峡集团、通威集团等。

相关链接

蚂蚁集团公布碳中和路线图

作为一家互联网金融科技企业，蚂蚁集团致力于通过科技创新，推动互联网技术在生产、生活领域的应用，以促进数字经济助力环境和社会的高质量发展。为响应国家“30碳达峰/60碳中和目标”，蚂蚁集团启动碳中和行动，邀请中环联合认证中心（CEC）对2020年的碳排放量进行盘查，多方论证制定了蚂蚁集团的碳中和方案，并邀请碳中和及相关领域行业专家进行方案的评审及优化。

一、蚂蚁集团碳中和承诺

蚂蚁集团于2021 年3 月12 日郑重承诺：2021年起，实现运营排放的碳中和（范围一、二）；2030年实现净零排放（范围一、二、三）；定期披露碳中和的进展。

二、蚂蚁集团碳中和的目标范围

蚂蚁集团碳中和行动涵盖甲烷、二氧化碳、氧化亚氮、全氟碳化物、氢氟碳化物、三氟化氮、六氟化硫等七种主要温室气体。

蚂蚁集团碳中和将涵盖经营活动的所有相关温室气体排放，具体如下。

范围一：化石燃料燃烧所导致的直接排放以及逸散排放。

范围二：电力和热力等外购能源所导致的间接排放。

范围三：供应链上的相关间接排放，包括租用数据中心服务、员工集中通勤租用车辆、员工商务旅行等所导致的排放。

三、蚂蚁集团碳中和行动计划

（一）明确和不断优化碳中和路径实现最大程度的减排

1. 针对蚂蚁集团自身的碳减排行动

（1）积极推进绿色办公园区建设，降低运输、建筑等的碳排放量。2021年起，蚂蚁集团将不断推动自身减排行动和可再生能源的使用，至2025年，实现范围一、二的绝对温室气体排放量比2020年减少30%。

① 对现有办公园区进行节能减排的改造，提高能效。

——蚂蚁集团将逐步推行自建办公园区使用可再生能源电力。评估光伏发电、太阳能供热、风光互补等可再生能源供应的可行性，优化办公园区的能源供应结构。到2030年，集团已有自建办公园区最大限度地实现可再生能源的电力供应。

——蚂蚁集团将采取多元化的节能减排措施，对现有办公园区进行绿色化升级改造。比如：使用节能设备、优化空调负荷及空调系统的冷热源机组能效等，从源头上减少能源消耗；建设智能化、可视化的能源管控中心，对能源消耗实施精细化管理等。

② 新建办公园区按照绿色建筑标准进行设计、建设与运营。蚂蚁集团将严格按照绿色建筑标准设计、建设与运营新建办公园区。比如：使用环保涂料、低碳水泥等绿色建材；关注建筑本身的性能，如环境保护、节能、节材、节水、节地等，并通过绿色建筑专业认证。

（2）提升员工碳中和意识，鼓励员工积极参与。

① 蚂蚁集团将建立激励机制，倡导员工践行低碳办公行为。提升蚂蚁员工的减碳意识，鼓励员工绿色出行、绿色办公。进一步优化激励机制，促进员工参与节能减排活动。

② 蚂蚁集团将提升员工的减碳意识。充分利用员工创意和员工公益，鼓励和邀请员工参与蚂蚁集团的碳减排工作。

2. 针对供应链的碳减排行动

（1）持续推动数据中心节能。蚂蚁集团将积极推动上游数据中心利用液冷技术、自然冷源技术降低PUE值，选择PUE值低于行业平均水平的数据中心；至2025年，供应链数据中心应整体实现可再生能源电力消费占比达到30%。推动供应商的数据中心充分发挥互联网科技企业的优势，进行持续的低碳创新。

① 通过利用自然冷源、液冷技术、优化选址等措施，降低数据中心的PUE，建设示范型绿色低碳数据中心。

② 与供应链企业共同推进数据中心使用可再生能源电力，或通过电力市场化交易方式购买所在地区的可再生能源电力。

③ 推进可再生能源的投资，保障数据中心实现可再生能源替代。

（2）推动其他供应环节减排。蚂蚁集团将建设绿色采购机制，逐步推进供应链实现碳中和目标。如全面推进无纸化采购，持续提升环保产品的设计与应用，优先选择低碳高效生产和服务模式的供应商。

自2021年起，蚂蚁集团将碳减排管理目标纳入供应商管理准则，逐步推动供应商企业制定碳中和目标并予以实施，力争在2025年前实现供应链碳排放的全面盘查。

3.推进绿色投资，引导资本向低碳领域流动

蚂蚁集团将稳步地推进绿色投资，与供应链企业共建碳中和技术创新基金。在蚂蚁集团相关领域加大节能减排的投资，积极寻求绿色科技的投资机会，引导资本向低碳领域流动。

（二）加强温室气体排放的科学管理、持续提升碳中和信息透明度

温室气体科学管理是实现“净零排放”目标及落实减排路径的基础。蚂蚁集团将依据国际标准，与第三方专业机构一起开展温室气体排放核算。同时，建立温室气体排放跟踪与监控机制，率先把区块链技术应用于碳中和的过程中，利用区块链技术的防伪和防篡改的特点，将所有碳排放及碳减排数据上链，实现记录不可篡改，随时可对碳排放及碳减排追溯查证。并将进一步完善信息披露制度，定期披露碳中和的成果，持续增强碳中和信息的透明度。

（三）审慎评估和使用碳抵消方案

蚂蚁集团将尽最大努力减少自身的碳排放量，并积极推动供应链的碳减排行动，以实现碳中和目标，但基于某些条件的限制，对于无法减排的部分，蚂蚁集团也将谨慎评估和使用碳抵消方案。

（1）投资森林及其他基于自然的解决方案。自2021年起，蚂蚁集团将每年通过开展以员工名义种植碳汇林等方式，适时开发合格的碳抵消项目，用于抵消剩余排放量。

（2）购买碳信用产品。对于抵消减排后的剩余排放量，蚂蚁集团将通过购买合格的碳信用产品进行中和，以实现净零排放。

四、蚂蚁集团碳中和倡议

蚂蚁集团将积极发挥互联网平台的作用，打造绿色数字经济平台，倡导公众践行绿色生活方式，共同打造绿色低碳的未来。同时，蚂蚁集团将带动整个行业深度参与碳中和目标的实现，推动绿色数字经济发展。

（1）继续通过“蚂蚁森林”等创新模式带动与激励公众践行绿色生活方式，参与个人行为减排，改善生态环境。蚂蚁森林不会用于蚂蚁集团自身的碳中和。

（2）发挥金融科技平台的能力，与合作伙伴一起推动绿色信贷、绿色保险、绿色基金、绿色消费、绿色支付等绿色金融的广泛应用，引导金融资源向绿色创新倾斜，促进经济社会的可持续发展。

（3）与专业机构合作，支持制定金融科技行业的碳中和实施指南，推动金融科技行业的碳中和进程。

二、企业碳中和标准

关于企业的碳中和标准，BSI（英国标准协会）发布的PAS 2060是目前已发布的最有公信力的标准，也是当前企业实施碳中和的主要参考依据。我国在这方面起步较晚，一些标准组织正在开展相关方面的研究，如通威集团正与中国试验与材料标准平台合作开发光伏行业碳中和标准。

从已发布的标准或者标准草案中，我们可以看出实施企业的碳中和标准的总体框架主要表现在以下5个方面。

1.定义覆盖边界

一般来说，一个企业的碳排放分为表17-2所示的3种。

表17-2　企业碳排放的方式

序号	类型	具体说明
1	直接排放	企业物理边界或控制的资产内直接向大气排放温室气体，如公司拥有的燃油车辆、燃煤锅炉等
2	外购电力和热力间接排放	企业因使用外部电力和热力而导致的间接排放
3	其他间接排放	因企业生产经营产生的所有其他排放，如员工通勤、上下游产品生产的碳排放

除了以上3种方式以外，还有一种特殊的边界是以产品全生命周期为范围的排放，即产品的碳足迹。

比如一台电脑，这将涉及制造该电脑的所有零件上至原料开采，下至电脑报废处理等整个过程中产生的碳排放。

因此，企业在制定碳中和目标时，首先要确定碳中和覆盖的边界是属于哪种方式。

2.碳排放核算

企业在确定碳排放的边界后，接下来就要核算边界内的碳排放量。不同国家和地区，对于同一个企业的碳排放核算方式都有可能存在着差异。

目前我国已基于国际标准ISO 14064建立了24个行业的企业碳排放核算方法体系，但全国性的企业碳排放核算工作至今尚未有效开展，各种碳排放实测技术的研发应用工作也进展比较缓慢。

比如，北京市发布的《二氧化碳排放核算和报告要求——电力生产业》（DB 11/T 1781—2020）、《二氧化碳排放核算和报告要求——水泥制造业》（DB 11/T 1782—

2020）、《二氧化碳排放核算和报告要求——石油化工生产业》（DB 11/T 1783—2020）、《二氧化碳排放核算和报告要求——热力生产和供应业》（DB 11/T 1784—2020）、《二氧化碳排放核算和报告要求——服务业》（DB 11/T 1785—2020）、《二氧化碳排放核算和报告要求——道路运输业》（DB 11/T 1786—2020）、《二氧化碳排放核算和报告要求——其他行业》（DB 11/T 1787—2020）以标准方式明确了7个行业二氧化碳排放核算报告的范围、核算的步骤与方法、数据的质量管理、报告的要求等，并提出了具有统一的、标准化的、可操作性的要求和数据收集与监测方法。

3.提出碳目标和实施减排

纵然企业可以通过购买环境权益来实现碳中和目标，但自身的碳减排仍是非常重要的一环，因而，所有企业碳中和相关标准都要求企业必须实施自身碳减排。所以企业在实现碳中和的过程中，必须提出一定的减排目标并努力达成，而且需要定期地检查及更新减排目标。

为了实现碳中和的总体目标，企业通常需要其他分项指标的支持，如新能源使用比例、能效提升比例等，企业碳目标的制定可以参考SBT（Science Based Target，科学碳目标）组织发布的相关指南，以便让企业所制定的碳目标更加科学和具有可操作性。

4.碳抵消

碳抵消是指购买环境权益来抵消剩余部分的排放量。环境权益认证注册机构、项目类型和签发时限不同，其所认证的环境权益对于减排的贡献来看有很大的差别。

从注册机构来看，UNFCCC和Gold Standard（黄金标准委员会）签发的CER、GS-VCU质量更高，而国内的CCER和自愿减排市场签发的VCU相对来说其适用范围就窄一些。

从项目类型来看，基于自然解决方案和植树造林所产生的环境权益最受市场追捧，其次是光伏、风电、太阳能电等新能源项目，再其次则是沼气回收等项目。

小提示

环境权益项目类型的追捧程度并不是一成不变的，早期，造林项目曾经因为存在山火导致固定的碳重新释放到大气的风险而不被重视，将来，随着光伏、风电项目的发展，相关的环境权益也可能慢慢被市场冷漠。

从签发年限来看，最理想的状态是环境权益项目当年所产生的碳减排量用于抵消企业当年的碳排放量，但现实问题是，很多环境权益已经签发了很多年，即很多年前产生的碳减排量，如果用来抵消现在的碳排放量，将会不被认可。

从理论上讲，任何一个签发机构签发的任一年度的任一类型项目的环境权益，其对减少全球温室气体排放的贡献并没有太大的差别，细微的区别在于项目本身其他的附加价值方面。

5.外部沟通

企业碳中和也是做给企业的利益相关方看的，所以其外部影响是整个碳中和过程中不可缺少的一部分。标准将对企业实施的外部影响方面做出一些规范性的要求，比如对外披露的内容，包括碳核算规则、碳中和范围、碳目标的达成方案、剩余碳排放量的抵消方案等，以及相关信息的披露频率、披露方式。

三、企业绿色低碳转型的措施

碳达峰、碳中和目标的提出，将有力倒逼企业的产业结构、能源结构和相关技术的深刻变革。因而，企业在绿色低碳发展的大环境下，应未雨绸缪，积极布局，加快构建图17-1所示的四个关键能力，向绿色低碳转型。

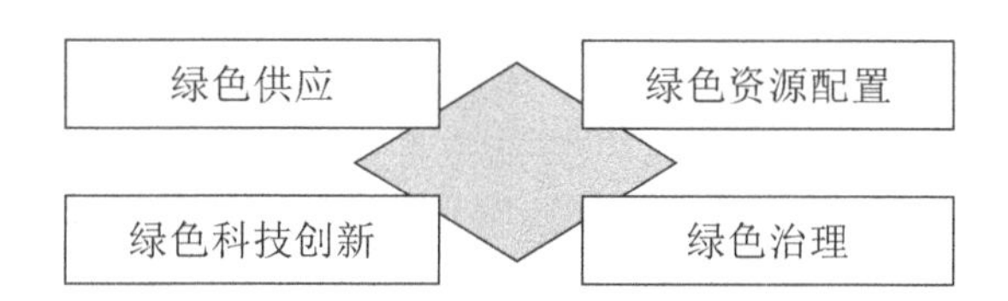

图17-1　企业绿色低碳转型的关键能力

1.绿色供应

企业被动转型不如主动转型。推动供应链、产业链的重构和现代化是实现高质量发展的关键，也是企业构建新发展格局的主攻方向。具体措施如图17-2所示。

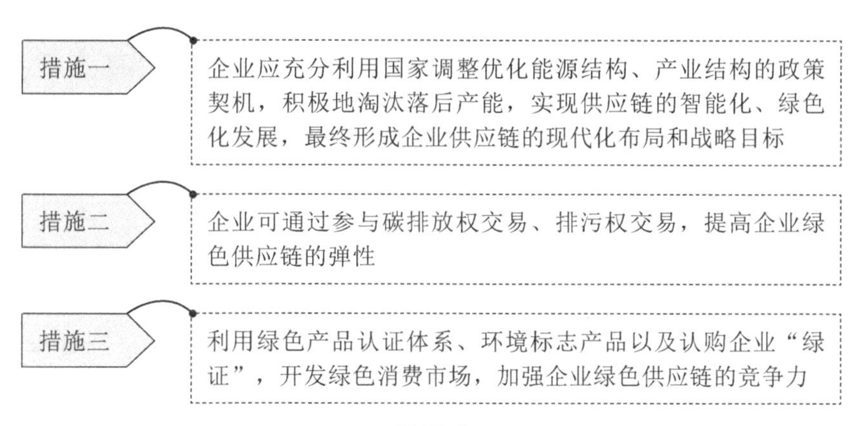

图17-2

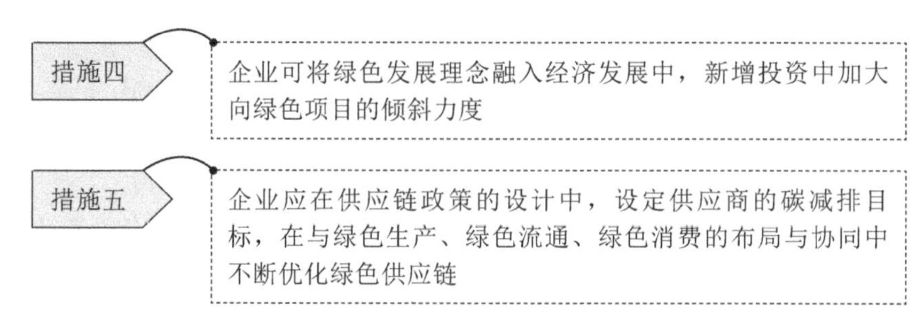

图 17-2　构建绿色供应链的措施

2. 绿色科技创新

绿色科技创新主要体现在企业的绿色理念、绿色生产技术和绿色管理等3个方面。具体如图17-3所示。

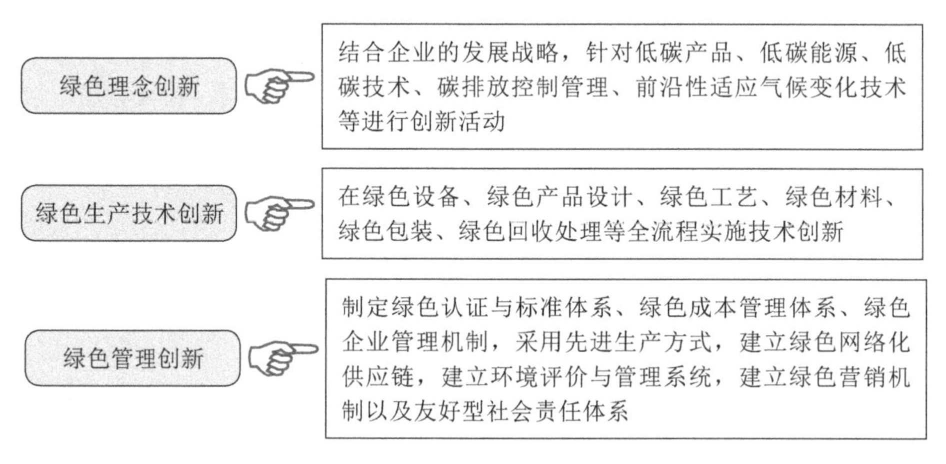

图 17-3　绿色科技创新的措施

3. 绿色资源配置

企业绿色转型不仅需要在绿色底层资产、绿色项目、绿色企业的打磨上下功夫，更需要增强“绿色”在资源配置中的敏感度和引导力。企业应充分利用绿色金融和生态信用体系、碳市场、碳金融、排污权交易等新型市场机制和工具，将资金配置到企业的绿色资产和项目中，提升企业绿色资源的配置能力。

绿色金融已成为企业低碳化、绿色可持续发展的助推器。目前，我国绿色贷款余额已经超过11万亿元，居世界第一，绿色债券余额达1万多亿元，居世界第二，已成为全球绿色金融的引领者。除绿色金融外，我国保险、融资租赁、碳资产质押融资、

海洋碳汇、湿地碳汇、林业碳汇等领域的改革创新也在不断地深化，为企业实现绿色配置提供了更为丰富的基础设施。

4.绿色治理

绿色治理机制是企业建立绿色发展长效机制的关键。企业绿色治理能力的实现，主要取决于公司治理机制构建的现代化程度。构建绿色治理机制的着力点至少包括图17-4所示的3个方面。

内容一　企业内部绿色管理制度体系

这包括绿色管理制度、绿色合规机制、绿色管理岗位，以及对接国家生态的认证制度、产权保护制度、生态统计制度、生态产业创新评估制度、生态核查制度、生态审计制度等体系

内容二　生态价值的实现机制

这是生态资源向生态资产及生态资本转化的动力机制

内容三　ESG（环境、社会、公司治理）理念和机制

ESG投资也被称为社会责任投资，是国际资本市场的新趋势；ESG机制包括信息披露、评估评级和投资指引等三个核心要素

图17-4　构建绿色治理机制的着力点

ESG（Environment, Social and Governance）投资中“公司治理”是提升公司现代治理体系的杀手锏。2020年发布的《关于构建现代环境治理体系的指导意见》提出“建立完善上市公司和发债企业强制性环境治理信息披露制度”。2020 年的中国香港联交所《ESG指引》确立了“不披露就解释”的原则。同时，环境违法企业如果作为失信联合惩戒对象名单被纳入全国信用信息共享平台，将会处处受限。对企业来说，特别是上市公司、挂牌交易公司、拟上市公司发债企业，应该未雨绸缪，尽早建立健全生态环保合规的公司治理体系。

四、企业碳中和实践案例

我国企业要尽快设置与国家碳中和目标相一致的碳减排目标，并在技术研发和企业转型路径上进行全面部署，以期在新的经济转型中赢得先机，避免在碳减排方面落后甚

至因此被淘汰。企业应以自身的实际行动担当起绿色社会责任，为应对全球气候变化危机、减少温室气体排放而做出应有的努力。

【案例一】▸▸▸

江苏实现火电企业碳排放核算“双保险”

目前，比较权威的火电厂碳排放核算方法有实测法和排放因子法两种。排放因子法是根据不同燃料对应的不同碳排放系数来估算碳排放量，无需加装设备，电厂运用现有数据通过标准化计算方式即可开展核算。

由于排放因子法的核算简单易行，我国电力行业在碳排放核算工作的起步阶段都采用了这一方法，以保证在短时间内实现碳排放量核算的全覆盖，快速掌握全国电力行业碳排放的整体情况。但是，排放因子法的数据来源主要依靠发电企业每年上报的物料消耗和煤质分析数据，存在人为干扰因素较多、数据收集繁杂、核算结果滞后等问题。

随着近年来国家对节能减排重视程度的不断提高，排放因子法已经无法满足政府部门碳排放监管和未来建立碳交易市场的需求，实测法在火电厂碳排放核算中的应用就提上了日程。

2013年，国网江苏电力从火电企业碳排放实时监测、碳交易机制探索、碳排放量核算等方面入手，开展了一系列的前瞻性研究。国网江苏电力于2019年在全国率先建成了“火电企业碳排放实时在线监测及评估系统”，并于2020年在8家电厂开展试点应用。国网江苏电力借鉴美国、澳大利亚等国家的先进经验，从监测端入手，在火电机组烟气排口安装了二氧化碳实时监测仪表，并研发了基于监测数据的碳排放实时核算方法，实现了二氧化碳数据的实时监测、自动采集、在线核算。碳排放的实时监测与自动采集弥补了排放因子法的不足，两者方法的互相验证确保数据真实可靠，等于给江苏火电企业碳排放核算上了“双保险”，为政府部门动态地跟踪电力行业碳排放情况提供了技术手段，也为发电企业实时地掌握自身碳排放浓度及强度提供了数据支撑。

据了解，经过“十二五”“十三五”期间的两轮环保改造，江苏火电行业的节能减排实时监控体系已经覆盖了全省271家电厂、680多台机组，装机容量达8000万千瓦以上，主力火电机组单台监测点数达到2000点，数据每10秒可以刷新一次，是全国规模最大、监测范围最全、采集周期最短的发电数据中心。而实现碳排放实时在线监测只需在烟囱排口的原有监测仪表基础上加装一块二氧化碳仪表即可，电厂的改造工作和后续的日常维护简单易行且成本较低。碳排放的实时在线监测数据目前已接入江苏电网碳结构演变电子沙盘，与各类电源的历史数据、一次能源耗能信息网、电力运行数据库等信息共同组成沙盘的数据基础，可实现对江苏省电网碳结构的多维度分析，为能源配置智慧化、能源利用高效化、能源供应清洁化赋能。

【案例二】▸▸▸

华为“极简方案”打造“碳中和”未来

1.以“极简主义”降能耗

降低能耗对于运营商来说始终是一个巨大挑战。以某运营商为例，从站点能源侧来看，其在5G建设铺开后，站点的整体运营成本将增加34%，其中最大一部分成本支出就是来自能耗，对数据中心而言，在十年的全生命周期中，电费支出占到了总体成本的60%。

华为把破解行业痛点的关键词定义为“极简”，华为在2021年3月举办的2021 MWC上海大会上，推出了数字能源零碳网络解决方案，该方案包含极简站点、极简机房、极简数据中心以及绿电。

华为的“极简方案”不断地简化形态、简化流程、压缩周期，力求渗透到数据中心和站点建设运营的各个环节。在具体操作中，极简站点是指“站点形态极简化”，即从室内站点到室外站点，进一步发展到室外刀片，让房变柜、柜变杆全面杆站化，从而实现省租金、省电费、降低能耗的目标。极简机房则是简化建设流程，对于新建场景，以机柜替代机房，对于扩容场景则免增机房、免增空调、免改线缆，从而节省空间、能耗和工程。极简数据中心是指通过全预制化、模块化建设来重构架构，将建设周期从20个月缩短至6个月，同时通过高密、高效节能的方案重构供电，华为这一智慧解决方案不只是提升效率，而且能实现预测性维护。除此之外，华为通过间接蒸发冷却和iCooling等解决方案重构温控，相比传统的冷冻水方案，全新的零碳网络解决方案能够节省17%的能耗。华为通过智能运维解决方案重构运维，可将运维的效率提升35%。

2.实现“绿电”无处不在

除“极简”外，“绿电”也是华为数字能源零碳网络解决方案中关键的一点，华为力求将“绿电”引入数据中心、机房、站点等，实现全场景叠光，实现绿色连接和绿色计算。

目前，华为已在青海省成功打造了全国第一个100%地利用绿色能源建设的大数据产业示范基地。青海省海南州是全国重要的清洁能源基地，拥有丰富的风电、光伏、水电等电力资源，具备发展数据中心所需的巨大电力成本优势。为充分利用资源，华为推进实施“大数据+新能源”战略，规划建设了面积达1200亩的海南州大数据产业园区。该园区一期使用了16套华为智能微模块解决方案，全部采用了全模块化架构，从而缩短了部署时间，使整个数据中心比原计划提前了3个月建成。

与此同时，该园区采用“高效模块化UPS+数字化技术+密闭冷通道”，通过高效模块化UPS、iCooling智能制冷优化闭冷通道、近端制冷等技术降低了数据中心制冷系统的能耗，相比传统的数据中心建设，能效提高30%以上。

3.全球零碳目标，华为在行动

华为的智能光伏解决方案已问世多年，目前已广泛应用于60多个国家。智能光伏解决方案的应用在全球范围内已累计减少二氧化碳排放量1.48亿吨，相当于种植了2亿多棵树。

随着各大运营商及传统能源巨头纷纷提出了“碳中和”目标，开始低碳行动，华为认为，为适应数字世界快速发展的需要，能源产业数字化、低碳化转型已成为必要，低能耗和低碳化两条平行轨道无疑是运营商未来发展的两大方向。华为在极简站点、极简机房、极简数据中心和清洁能源四大方案的加持下，融合“智慧能源云”，通过“源—网—荷—储一体化”智慧管理，使大幅度地降低用电成本、提升能源效率也成为可能。

18

第十八章 公众碳中和实践

消费端是碳排放的终端，无论是2030年碳达峰还是2060年碳中和目标的实现，都离不开消费端亿万消费者的共同努力。碳达峰、碳中和目标的实现需要普通民众改变生活方式与消费行为。

一、用纸篇

（1）纸张进行双面打印，相当于保护半片森林。

（2）草稿纸要写满，不要只写几个字就扔掉。

（3）用过的草稿纸、旧作业本及试卷，可以收集起来送到造纸厂重新加工成新的纸张。

（4）尽量节约用纸，无论是手纸还是餐巾纸。尽量用手帕。

二、出行篇

（1）目的地很近时，骑自行车或步行。

（2）行李不大不重时，最好选择公交车出行。

（3）尽量购买、使用小排量的环保型汽车。

（4）如果方便，请多与好友们拼车。

（5）定期检查汽车的轮胎气压，气压过低或过足都会增加油耗。

三、饮食篇

（1）煮饭前将米浸泡30分钟，再用热水煮，可省电30%。

（2）买菜时用自备的菜篮子或布袋装菜，少用一次性塑料袋。

（3）剩菜放凉后，尽快用保鲜膜包好再放进冰箱。

（4）为了保护动物与您自身的健康，不用一次性餐具。用便携环保餐具自带午餐。

四、穿衣篇

（1）不购买、不着皮草及一切动物皮毛服装，以保护动物。

（2）多选棉质、亚麻和丝绸材料的衣服，这不仅环保、时尚，且优雅、耐穿。

（3）衣服少烘干，多晒干。

（4）自己孩子长大了，不能穿了的衣服，可以送给亲友或邻居家的小孩穿，也可捐赠给他人。

（5）把旧到不能穿的衣服收集起来做成环保布袋。

五、省电篇

（1）关掉不用的电脑程序，减少硬盘的工作量，既省电也能更好地保护电脑。

（2）少坐电梯，多爬楼梯，省下大家的电换自己的健康。

（3）家中所有电器及办公室的电器用完要随手关掉电源，不要让电器长时间处于待机状态。

（4）尽量白天做完工作，减少晚上的开灯时间。

（5）一般洗衣机都分有强洗和弱洗功能，弱洗比强洗改变叶轮旋转方向的次数要多，所以弱洗更费电，强洗不但省电，还可延长电机使用寿命，洗衣时选择强洗。

（6）冰箱储存的食品过少时，由于热容量变小，压缩机开停时间缩短，会造成冰箱累计耗电量增加。因此，当冰箱无物可放时，可用几只塑料盒盛水放进冷冻室内。

（7）定期清洗空调，不仅为了健康，还能省电。

（8）空调的温度不宜过低，过低则空调的耗电量将增加。夏季设定在26～28℃，冬季设定在16～18℃。

（9）买电器要注意看节能指标。

六、家居篇

（1）在家里多种些花草。

（2）少选红木和真皮材质的家具，多使用竹制家具，因为竹子比树木生长得快。

（3）尽量使用可降解、用量少的洗涤用品，以减少对江河、海洋的污染。

（4）随身携带一个水杯，既环保又卫生。

（5）包装纸可以回收利用制作成工艺品，用来美化生活。

参考文献

[1] 王梓萌，于仲波.部分国家及中国地方政府、行业和企业落实碳达峰、碳中和目标举措的浅析[J].和碳视角，2021，92（2）:1-16.

[2] 张贤.碳中和目标下中国碳捕集利用与封存技术应用前景[J].可持续发展经济导刊，2020，No.21（12）:24-26.

[3] 刘强，田川.我国碳捕集、利用和封存的现状评估和发展建议[J].气候战略研究简报，2017，24.

[4] 宋菲.浅谈绿色建筑与节能减排[J].城市建设理论研究:电子版,2015,000（011）:1-3.

[5] 杜群，李子擎.国外碳中和的法律政策和实施行动[N].中国环境报,2021-04-16（06）.

[6] 李媛媛，李丽平，姜欢欢，张彬，刘金淼.碳达峰国家特征及对我国的启示[N].中国环境报，2021-04-13（03）.

[7] 王树堂，崔永丽，赵敬敏.借鉴国际经验推进我国碳排放达峰[N].中国环境报，2021-04-16（06）.

[8] 乔建华.钢铁企业如何制定碳达峰行动方案？[N].中国环境报，2021-03-23（07）.

[9] 郑伟彬.中国有底气实现碳达峰、碳中和目标[N].新京报，2021-04-19（B16）.

[10] 张玉卓.碳达峰碳中和进程中需要遵循的原则[N].中国煤炭报，2021-04-14.

[11] 李莹.碳中和目标的提出将带来哪些深刻变革？[N].中国环境报，2020-10-19（03）.

[12] 杨舒.碳中和将怎样改变我们的生活[N].光明日报，2021-04-19（10）.

[13] 黄承梁.把碳达峰碳中和作为生态文明建设的历史性任务[N].中国环境报，2021-03-25（03）.

[14] 郭茹，包存宽.将碳达峰碳中和纳入生态文明建设整体布局[N].中国环境报，2021-04-20（03）.

[15] 刘振亚.实现碳达峰碳中和的根本途径[N].学习时报，2021-03-15（A8）.

[16] 李可愚.能源局：今年煤炭消费比重降到56%以下[N].每日经济新闻，2021-04-23（01）.
[17] 蒋萍.推动工业园区在碳减排中发挥积极作用[N].中国环境报，2021-02-09（03）.
[18] 刘振亚.建设我国能源互联网推进绿色低碳转型（上）（畅想能源）[N].中国能源报，2020-07-27（01）.
[19] 刘振亚.建设我国能源互联网推进绿色低碳转型（下）（畅想能源）[N].中国能源报，2020-08-03（01）.
[20] 张勇.节能提高能效推动高质量发展[N].人民日报，2020-06-30（11）.
[21] 寇江泽.实现碳中和森林作用大（美丽中国·降碳减排在行动①）[N].人民日报，2021-01-14（14）.
[22] 国务院新闻办公室.新时代的中国能源发展[N].人民日报，2020-12-22（10-12）.
[23] 王敬涛.首个碳汇城市指标体系发布[N].中国气象报，2015-06-08.
[24] 鄢丽娜.激励碳捕集利用与封存技术产业化发展[N].中国煤炭报，2021-03-12.
[25] 杨培斌.坚持绿色低碳推进能源革命先锋城市建设——国网天津电力积极服务碳达峰、碳中和目标落地[N].国家电网报，2021-04-15.
[26] 米彦泽.能源结构变“绿”工艺流程更短[N].河北日报，2021-04-19（01）.
[27] 薛方.碳中和目标下企业应加强四方面关键能力建设[N].经济参考报，2021-04-20（A07）.
[28] 李丽旻.华为“极简方案”打造“碳中和”未来[N].中国能源报，2021-03-15（10）.
[29] 文雪梅.房地产行业如何实现“碳中和”?[N].中华工商时报，2021-04-27（08）.
[30] 刘学敏.以“低碳”理念推进国家精准扶贫［J］.中国发展观察，2018,11:39-40.